体验 大自然

户外探险指南

[德] 贝波尔·欧特林　文
[德] 阿诺·科尔布　阿克瑟尔·尼古拉　图
郑高凤　译
王　宏　审译

科学普及出版社
·北京·

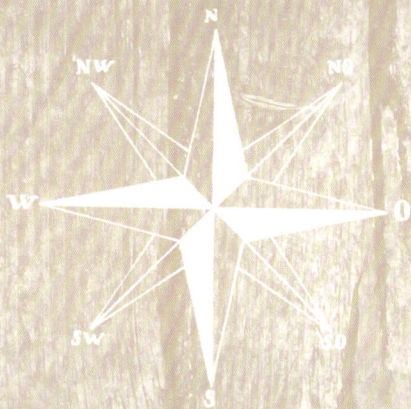

嗨！大家好，我叫芬尼！

我喜欢到大自然中去研究和发现，很开心你也能加入我的探索之旅。你知道什么叫作探索吗？探索就是到野外去考察，发现大自然中的奥秘，体验意想不到的经历。也许有一天你也能成为动植物专家，自己开展研究工作呢！

如果你也想过像印第安人一样的生活：轻盈地穿梭在丛林中，徒手捕鱼，用弓箭捕获猎物，自己动手建造住所，无需打火机就可以生火，对潜在的危险了如指掌……那么，赶紧加入探索大自然的行列吧！在探索途中，你将会身临其境地去体验这些紧张而刺激的冒险活动，这一定会让你毕生难忘的！如何开展这样的探索之旅呢？答案就在本书中！

高级机密

重要提示

在开展户外探索之前，必须和父母商量，并得到他们的许可，而且必须对自己的探索行为负责。

目录

高级机密

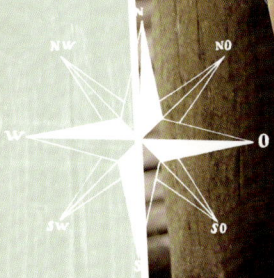

户外探险的准备工作

户外探险的开始自然少不了周全的计划和尽可能完善的准备——这是最简单不过的常识。如果准备充分，可避免意外的发生。只有这样，我们才可以轻松地开展探险活动，让探险之旅充满无限的乐趣。

适用于所有户外探险者

✗ 切忌一个人进行户外探险！

✗ 事先告知你的父母或是其他你信赖的亲朋好友，准确地告诉他们你的去向、探险之旅的行程以及返程的时间。

✗ 在探险工作的准备过程中应当让父母放心。例如，在探险计划中约定好回家的时间，并向他们保证定期汇报探险的进展。如此一来，一旦你没有准时向父母报平安，他们就知道你可能陷入险境了，从而及时提供帮助。不要虚报信息，否则可能会让父母误解，从而对你的处境作出错误的判断。这有可能会给你的户外探险带来严重的后果。

✗ 一定要在身心健康且愉快的前提下开展户外探险活动！

重要提示

切忌把户外探险当儿戏！大自然是美好的，但其中也暗藏着种种危机，尤其是当人们高估了自己的能力，忽略大自然的警示（如暴风雨）或是蔑视大自然的力量时。因此，大自然是一位很好的老师，它会教给人们准确地判断自己的能力、获悉自己的弱点、更好地信赖他人。但也不必畏惧大自然，把自己看作大自然的一部分，如同大自然中的动植物一般，顺其自然，尊重大自然的规律。

户外探险的方案

野外体验

　　生篝火、捕鱼、动手制作弓箭、采食野果、搭建帐篷、野外露宿……这些都让你向往不已吧？没有什么能比得上到野外去体验生活了，这比玩游戏和看电视刺激多了。户外探险不仅能让你亲身体验到各种刺激好玩的新鲜事儿，而且能挑战你的极限，开阔你的视野，让你在挑战中成长。在这里，你要学会平衡自由与责任两者的关系，因为在探险过程中，你要自行决定哪些行为是可为的，而哪些又是不可为的，并对此负责。这将培养你的责任意识，让你学会以一种尊崇大自然的方式去生活。

进行户外探险有很多种方式，如下所示，哪些是你已经体验过的呢？

☐　在森林中过夜

时间：＿＿＿＿＿＿＿＿＿

地点：＿＿＿＿＿＿＿＿＿

和谁一起：＿＿＿＿＿＿＿＿＿＿＿＿＿

印象深刻的事情：＿＿＿＿＿＿＿＿＿＿＿＿＿

☐　爬山

时间：＿＿＿＿＿＿＿＿＿

地点：＿＿＿＿＿＿＿＿＿

和谁一起：＿＿＿＿＿＿＿＿＿＿＿＿＿

印象深刻的事情：＿＿＿＿＿＿＿＿＿＿＿＿＿

☐　带着指南针和地图远足

时间：＿＿＿＿＿＿＿＿＿

地点：＿＿＿＿＿＿＿＿＿

和谁一起：＿＿＿＿＿＿＿＿＿＿＿＿＿

印象深刻的事情：＿＿＿＿＿＿＿＿＿＿＿＿＿

□ 乘皮划艇（划独木舟）旅行

时间：＿＿＿＿＿＿＿＿＿＿

地点：＿＿＿＿＿＿＿＿＿＿

和谁一起：＿＿＿＿＿＿＿＿＿＿＿＿＿

印象深刻的事情：＿＿＿＿＿＿＿＿＿＿＿＿＿＿＿＿＿＿

你好！有你的参与真好！

□ 搭建户外帐篷，在野外露宿

时间：＿＿＿＿＿＿＿＿＿＿

地点：＿＿＿＿＿＿＿＿＿＿

和谁一起：＿＿＿＿＿＿＿＿＿＿＿＿＿＿＿＿＿＿＿＿

印象深刻的事情：＿＿＿＿＿＿＿＿＿＿＿＿＿＿＿＿＿＿＿＿＿

□ 参加户外探险训练

时间：＿＿＿＿＿＿＿＿＿＿

地点：＿＿＿＿＿＿＿＿＿＿

和谁一起：＿＿＿＿＿＿＿＿＿＿＿＿＿＿＿＿＿＿＿＿

印象深刻的事情：＿＿＿＿＿＿＿＿＿＿＿＿＿＿＿＿＿＿＿＿＿

你还想参加哪些户外探险活动呢？

如何计划出行

出行前必须弄清楚以下问题：要去哪里？和谁一起去？是徒步、划船还是在一个固定的户外场所？出行的时间是多长？把这些问题都计划好，就可以开始你的探险之旅了。

一些注意事项：

✗ 你的身体状况适宜进行所选择的户外活动吗？务必跟你的父母就此商量妥当。如果不适宜，一定要做出更改，确保所进行的探险之旅是对你的身心健康有益的。

✗ 需要配置哪些装备？请参阅第10页的准备清单。

✗ 在探险途中如何辨认方向？必须掌握看地图和使用指南针的本领。

✗ 在一个小时内，自己能走多长一段路？如果是平坦且路况好的道路，一个小时内可以不间歇地走大约4千米，但如果背负的行囊过重，则只能走3千米；倘若是崎岖坑洼的道路，所能走的行程则更少了；如果是上坡路，所需的时间则更多：每走300米的坡路，要额外多花费一个小时。

✗ 事先计划好第二条捷径，以供突发状况下使用。

✗ 计划清楚过夜的地点——不能含糊不清，一定要准确落实。

第一次出行

选择在阳光明媚的日子出行。如果天气预报说有雨，那么就把出行的时间推后，因为糟糕的天气会给出行带来很多不便。第一次出行应尽可能创造最舒适的条件，这样才能让你全身心地投入，并享受出行带来的乐趣。

户外探险小贴士

尽管你已经对即将开始的户外探险跃跃欲试，下面这些活动规则还是应当注意的。

1. 在大自然中务必谨慎行事，避免破坏鸟巢、蜘蛛网以及践踏花朵。
2. 不要惊动野生动物！请小心翼翼！
3. 更不要惊扰冬眠中或是哺乳中的野生动物，以及正在孵化的卵。
4. 在大自然中不要随处乱扔垃圾。将废弃物自觉扔到垃圾桶中。带来的物品离开时都要带走，包括吃剩的糖纸和口香糖。
5. 不要去碰触动物的粪便以及尸体。
6. 不要摘食不知名的野果。
7. 只在指定地点生火，切忌在森林中点火。确保火苗已经彻底熄灭之后，才可离开。
8. 设身处地去为他人着想，大自然是公共的，大家都有权享用。
9. 如果已经明确自己的任务——哪些事情可为，而哪些是不可为的，那么一定要负起相应的责任！

探险小帖士

当你结束活动回到家中时，可以把探险旅途中的各种经历记录下米。对这次的活动进行一次总结，记下需要改善的要点以及下回要注意的事项，如多带点垃圾袋、事先练习搭帐篷等。这样就已经是在为下一次户外探险做准备了。

适宜的装备

哪些装备是户外探险所需的呢？这取决于探险的时间、地点以及行程的长短。在冬日出行所穿的衣服与夏日时的就完全不一样，去徒步爬山的装备与去河流划船漂流的也有所不同。还有，你的行程是一天还是一周？根据持续时间的不同，所需的装备也有所差异。以下所给出的物品清单可以帮助你大概获悉探索之旅所需的装备。

谨记：每次出行都列出一张装备清单。

探险装备清单

以下是户外探险所需要的物品：

背包、通讯录和电话簿

户外探险手册作为要事记录本

地图、指南针

应急包

绳索；手电筒或是头灯，电池

小镜子；太阳镜；手表

急救包

（国际公认的证明已接种疫苗的）接种证

装满足够饮用水的水壶

用于对野外水源进行消毒的净水药片（从药店中购买）

用于对野外水源进行过滤的滤纸

干粮（如全麦面包、水果或是水果片）

餐盘、餐具、纸杯厨具、垃圾袋

防风雨的外套、便帽或太阳帽

毛衣，暖和的呢子大衣

T恤、防风雨且耐磨的牛仔裤

换洗的内衣裤、长筒袜、短袜

防风雨且耐磨的鞋（登山鞋、远足靴）、胶鞋

（遮风挡雨的）帆布

睡垫、睡袋、户外急救毯

毛巾、梳子、刷子

肥皂、洗发液（可生物降解）

牙刷、牙膏、手帕、卫生纸

防晒霜；如有可能，带上驱蚊喷雾剂

夏天出行，带上泳衣；冬天出行，穿上防雪装，裹上围巾并戴上手套

如何打包行李

整理背包时，重的物品放在背包深处，靠近背部；轻的物品放在外层，靠近背包顶端或是直接捆绑在肩带上。当你已经打包好了（别忘了装上饮用水），先试着背上它走15～30分钟。感觉怎样呢？肩膀有没有觉得不适应？如果你背起来感觉比较轻松，那就说明没有问题。但如果你感觉双肩吃力，那就必须把背包里的东西重新整理，去掉一些不必要的物品。想一想：是不是非得带五件T恤呢？是不是可以把大瓶的洗发水换成小瓶的呢？

有句谚语说，"生活中，有些东西会是必要的，有些是不可或缺的，而只有一些才是生命攸关的。一个人如果能带上最后一部分中的一半，就已经称得上完美了。"

探险必需品：户外急救毯

急救毯是一块铝塑复合的薄膜，有两层——银色层和金色层。银色层主要用于隔热保暖，而金色层是在发生意外时用来引起救援人员的注意。尽管这是一层很薄的薄膜，但是银色层的保暖效果非常好：把身体全部包裹在这层薄膜中，只露出脸，就可以起到保暖的作用了。在野外过夜时，你可以把急救毯裹在身上，再钻进睡袋中。注意：急救毯必须很好地固定在睡垫上。你可以用绳子打结或是捆绑的方式，将急救毯包裹得严严实实的。

急救毯也可以用于隔热：把急救毯裹在身上，银色层朝外，那么在阳光下，它就像一面反光镜，能将热量反射回去。所以，你也可以在正午炎热的时候，把急救毯搭在休憩地点上方或是帐篷上。但这并不能起到降温的作用。

重要提示

打湿的物品会非常冰冷，尤其是在冬天的时候。所以，尽量保证身体以及所带物品干燥！

在户外以及黑夜中辨认方位

我在夜晚醒来哦!

在户外辨认方位

如果是在自己的家乡,你自然是熟悉每条道路的;即便是在陌生的城市,借助路标和指示牌,你也可以轻松地辨认方向。但在大自然中却不一样:即使前人已经在各条小道上做了标志,但你至少还需要一幅当地的地图,才能准确辨认地形和方位。有时候,指南针也是必需的。

借助全球卫星定位系统辨认方位

全球卫星定位系统(GPS)——光听名字就酷劲十足,比指南针和地图先进多了。人们只要把目的地输入进去,系统就会迅速地显示最短的到达路径。GPS并不一定只有汽车才能使用,因为在商店里就有出售握在手里的便携式导航系统,可以用于户外探险。但如果你打算使用这种导航系统,就得事先在熟悉的环境中练习一下,比如在附近的森林中。(也可以在陌生的道路中试验!)此外,现在的大多数手机也具备了导航功能。

但不管全球卫星定位系统有多好,也无法取代地图和指南针。因为这种高性能的导航系统需要一定的电力支持,不适宜长途跋涉的户外探险。所以使用前务必检查清楚电池的蓄电量是否充足。此外,导航系统并不是万能的。由于信息更新的滞后性,可能会导致有些地区在系统中无法辨认,所以在实际情况中,即使导航系统对目的地作出了一定的指示,却有可能是错误的。这时候,为了确保找到准确无误的路径,除了拥有全球卫星定位系统外,最好随身携带地图、指南针以及具备一定的地理知识。

借助地图辨认方位

最适宜进行户外探险的地图的显示比例尺应为1:25000或是1:50000。在这两种比例尺中,地图上的1厘米代表实际上的25000(或50000)厘米,即250米或500米。在这种地图中,人们不仅可以看清楚道路,还可以看到该地的地貌状况:植被(树林、草地等)、河流、小溪、湖泊甚至零星的住宅。还可以从地图上的等高线的疏密程度判断出该地的地形:是平坦的,还是崎岖不平的,抑或是多山地形。等高线排列得越紧密,则说明该地地形越陡峭。

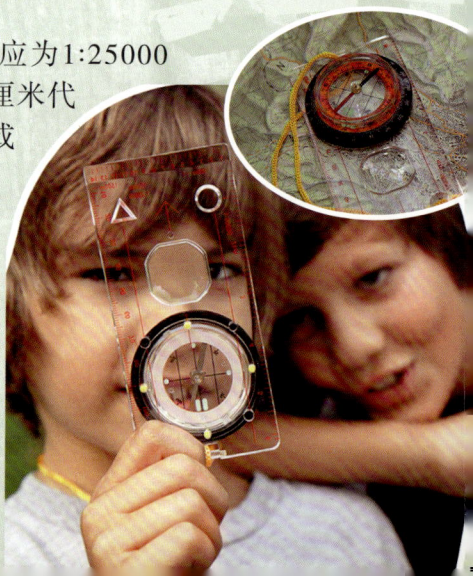

借助指南针辨认方位

　　不管是雾天还是暴风雨天气，指南针一直都是指向正北方。地球是一个大磁场，指南针中的磁针受磁场的影响，越靠近地球两极，指南针的指向误差越大。指南针的北极指向地磁南极，即地理北极；南极指向地磁北极，即地理南极。实际上，指南针的指向并不是精确地落在地球的正南方和正北方，而是略微偏离一点。

如何使用指南针

✘ 把指南针平放在地面上，待指针的指向稳定。此时，磁针颜色深的一端（或是用彩色标识的一端）所指向的就是正北方。

✘ 然后，把地图摆放在指南针旁边（在地图的上方已给出南北指向的图标），使得地图上的正北方指向与指南针的正北指向一致。

✘ 最后，在地图上标示出自己所在的位置，根据指示确定前进的路径。

借助星空辨认方向

　　在晴朗的夜晚，人们也可以借助星空来辨认方向。根据外观像勺子的几颗星星，你可以在星空中找出属于大熊星座中的北斗七星。把勺柄末端的两颗星连线，向勺口方向延长其距离的五倍，便可看见一颗中等亮度的星星，这就是北极星。北极星一年四季都是指向正北方的。

在大自然中辨认方向

　　树也可以帮助人们辨认方向：在我们所居住的北半球，通常都是在西北方向降雨。因此，苔藓也是沿这一方向分布在树根处的。

　　如果下雪，则通常在树或是岩石的西北面堆成小丘。如果只是小雪，那么树或灌木丛的东南面通常没有积雪或是只有薄薄一层。

气象小知识

天气不仅决定着我们出行的装备，也影响着户外探险的效果：倘若恰逢阴雨天或是寒冷的天气，在户外待上好几天，探险活动的乐趣大大削减，并不见得大家都会喜欢。我们可以从天气预报中获悉未来两三天的天气状况，再合理安排自己的出行。

但实际天气并不一定与预测的完全符合，应根据具体情况而定。比如：天气预报说有雨，但可能只是部分地区，并不见得是该地区全面降雨。天气变化莫测，这时说无雨，但可能下一时刻就会突然下起雷阵雨。因此，我们还要学会因地制宜去识别天气。这首先需要掌握一定的有关云的气象小知识。

云的意义

如果天空中出现典型的积云，那么天气大多是明媚晴朗的，并经常持续到傍晚。

在蔚蓝的高空中慢慢出现的第一抹卷云，往往预示着坏天气的到来。这时，你应该认真地观察未来几小时或是几天内云的变化。大多数情况下当天还是会保持好天气，但当云层开始变厚时，雨雪或暴风雨天气就会到来。

高云层可以将整个天空都覆盖住，使天空呈单调的灰色，有时带微蓝色。有时云层很薄，太阳穿过云层照下来，像是隔了一层磨砂玻璃。这些由小水滴和冰晶组成的云层可以带来持续性的雨雪天气。

由于典型的雨层云大多数时候没有特定的形态，所以人们很难识别出来，它将会从哪个方向带来雨雪。

先是白色的卷积云变得越来越厚，升上高空，迅速形成巨大的云团，云层的颜色随着厚度的堆积渐渐加深，这意味着暴风雨就要来临了。这种情况在闷热的夏日尤其常见。如果随之而来的风越刮越猛，则必须找一个安全的避雨场所落脚。

好天气的征兆：

✗ 在炎热的夏日，一天之内突然凉爽起来

✗ 傍晚无云的天空出现晚霞

✗ 傍晚，夕阳西下时，云层从底部被照亮，散发红光

✗ 清晨，朝阳升起时，云层从底部被照亮，散发红光

✗ 无云的夜晚看见明朗的月亮

✗ 山谷弥漫着雾气

✗ 清晨，草地、植物和汽车上凝结着露珠

✗ 清晨时起的雾在正午之前散去

✗ 飞机飞行过后留下的凝结尾迹只存在很短时间，随后马上消失

✗ 燕子高飞

✗ 星星闪烁得很耀眼

✗ 在傍晚和夜晚听见蟋蟀的叫声

坏天气的征兆：

✗ 在太阳或月亮周围看到光晕

✗ 在寒冷的冬日，一天之内突然温暖起来

✗ 看到粉红色、黄色或是土黄色的朝霞

✗ 雾气散去，远处的山峰看起来靠得很近，呈现蓝灰色

✗ 云从西面迅速涌过来，刮起西风

✗ 白色的卷积云变厚，颜色加深

✗ 高空的卷云呈现像手杖的形状并开始飘移

✗ 飞机飞行过后留下的凝结尾迹慢慢地舒展开

✗ 空气中可视度迅速降低

✗ 清晨，彩虹出现在天空中

✗ 燕子低飞

✗ 蚊子"嗡嗡"地到处飞舞

下雨了该怎么办？

如果是清晨下雨，那你大可躺在被窝里，好好地睡一个好觉；但如果雨到中午还没停，那你就得考虑一下，是否安排这天休息；如果不愿意，则按计划继续行进，但只需规划走很短一段路，等天气好转了再加快进程，补回这段落下的路。

休息时的娱乐活动

探险途中带着一本厚本子永远都是个好主意。利用纸张或是硬纸板就可以和朋友一起玩很多有趣的纸笔游戏。你也可以用彩色笔在一张空白纸上描绘出"鲁道"（德国一种好玩的飞行棋类游戏）的游戏场所，然后用口香糖捏出游戏人物开始玩耍。另外，下雨天也是熟悉器械的好时机，你可以好好琢磨一下如何使用手机、数码相机或是全球卫星定位系统。

动物的踪迹

　　居住在野外的原住民或长时间在野外生活的人非常擅长辨认动物的踪迹，熟悉不同动物的足印、粪便以及气味。他们根据这些动物踪迹能判断出动物是否受伤或饥饿，甚至能察觉熊等危险动物的出没。如果你也想成为这方面的专家，则需要多到户外实践，而不仅仅是在天气好的时候才出去。

　　有些危险动物需要人们密切留意，并通过它们留下的踪迹做好防范措施。而值得庆幸的是，这类动物在我们生活的北半球很罕见。即便如此，我们也要掌握一定的有关动物踪迹的知识。

　　野猪是危险的动物，尤其当它们在冬天处于发情期或哺乳期的时候。你通常会在柔软的丛林地面、路边、草地上发现野猪的蹄印，看起来像是被人用小推子四处铲地留下来的印迹。

野猪的蹄印
　　8~12厘米长，6~7厘米宽，有清晰的悬蹄。

　　狍、鹿、牛、绵羊和山羊，都属于偶蹄类动物。它们的每只脚上都有一对硬皮包裹着的蹄。在潮湿的地面或雪地上，蹄会留下清晰的印迹。可以根据蹄印的长度，轻松地区分出这些有蹄类动物。

狍的蹄印
　　3.5~5厘米长，2~3厘米宽。

有爪类动物的脚印

大多数我们熟悉的动物都是有爪的，例如猫、狗、狐狸、獾、松鼠、刺猬和老鼠。通过测量脚印的大小和长宽，你就能将这些有爪类动物区分开。因此，你需要注意的是，一个脚印上有几个脚趾以及是否能看见爪钩。

狗的脚印

爪印根据种类不同而不同，和狐狸的一样，但有更大、更厚的相邻的趾垫。

赤狐的脚印

4～5厘米长，3～4厘米宽，有4个趾垫、1个爪垫和4个可见的带弯钩的趾印。

猫的脚印

3～3.5厘米长，3厘米宽，爪印几乎是一个圆形，4个趾垫呈半圆形围绕着一个爪垫，看不见爪钩。

兔的脚印

4～6厘米长，3～3.5厘米宽，大部分只有4个趾头，带有清晰可见的细爪钩，偶尔能看见被毛发覆盖的爪底。

獾的脚印

3.5～4.5厘米长，3～4厘米宽，有5个带钩的趾头，4个趾垫呈半圆形围绕着一个爪垫。

松鼠的脚印

3～4厘米长，2～3厘米宽，前爪上有4个又长又细的趾头，带爪钩；后爪上有5个趾头，带爪钩。

你知道吗？

单凭爪印的大小就能轻易地将熊的爪印与其他有爪类动物区分开：熊的爪印长25厘米，5个带钩的趾头分布在爪子前部。

几种重要绳结的打法

　　每次使用绳子、绷带或绳索时，你都必定要会打结。其实我们在系鞋带的时候就已经学会了最简单的绳结打法：把鞋带系成蝴蝶结。这种简单的活结很灵活，便于松解，却不够结实。要想获得真正牢固实用的绳结，则在第一个单结打好之后以双S形的方式反挑绳再打一次，第二个单结与第一次的单结方向相反。这是外科手术结的打法，一般用于医学上进行伤口的缝合。你也可以试试看，这种打结法打出的结确实很结实。

称人结

　　称人结是专业可靠的安全结。它能使绳索稳固在物体上，并能随意围绕物体旋转，在吊桶上的绳结就是典型的称人结。需要注意的是：它完全不适用于攀岩或登山！这种绳结既不易拧成一团，亦不易松脱。哪怕你是用它来拖曳一辆汽车，也无须担心会松开。而神奇的是：要想解开这种绳结，只要找到秘诀，像魔术师一般轻轻一拉就可以。

　　称人结还有其他的叫法：船缆结、普林结、帆索结、系船结等。这些五花八门的名字让人眼花缭乱，但不管怎样的叫法，这种被称为"绳结之王"的绳结是在航海帆船上最常用的绳结。你应该掌握它的打法。

称人结的打法

1. 用绳索打一个圆圈，预留出一长一短的绳子两端，长的一端称为主绳，短的一端称为绳头，圆圈称为绳环。绳头在绳环之上，主绳在绳环之下。
2. 把绳头绕向要捆绑的物体一圈。
3. 从下往上穿过绳环。
4. 然后绕过主绳。
5. 再次从上往下穿过绳环。
6. 最后，同时拉绳头和主绳，将打结处拉紧便完成。

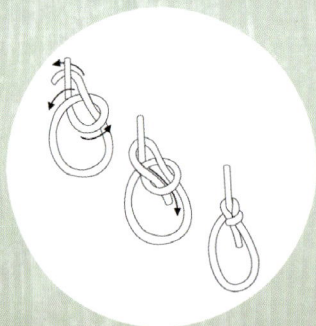

重要提示

　　练习称人结的打法，直至你闭着眼睛，甚至是背着手，都能熟练打出来为止！

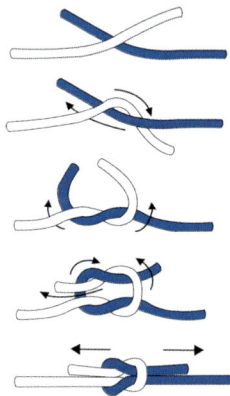

渔人结

渔人结用于连接两条粗细相同的绳索。这种绳结结构简单，强度高，宜结宜解。

渔人结的打法

1. 将两条绳子各自通过单节绑到另一条绳子上。
2. 将两条绳子用力向两边拉紧即可。注意：两个单节要并排靠在一起，不宜倾斜。

营钉结

如果你想把吊床或睡袋挂起来，或者固定帐篷的帆布，则要用到这种绳结。借助这种绳结能稳固地把物体栓在柱子或是树上。

营钉结的打法

1. 把绳索缠绕树或柱子及类似的物体上两圈。
2. 用绳头绕主绳打个双套结（相当于打两个半的单结），将打结处拉紧即可。

普通绳端结

把刀刃安在石块或在矛上装箭头时都会用到这种绳结。

普通绳端结的打法

1. 用绳索绕石块或矛一圈。
2. 把绳子短的一端（即绳头）在需要捆绑的位置沿着石块或矛方向平行绕一圈折回来，形成一个绳耳。
3. 把主绳沿着绳头的方向围绕绳头数次，把刀片或箭头与石块或矛捆绑扎实。注意不要盖过预留出来的绳耳。
4. 绕好后，把主绳穿过绳耳。用力拉绳头一端，主绳在绳耳的带动下被拉进绳圈内（约在绳圈的中央）。
5. 拉紧绳索两端，再把多余的绳剪去即可。

用荨麻编制绳索

🧑 **探险小帖士**

当手头上一时找不到可用的绳索时，可以用荨麻编制绳索。先用T恤或报纸包住手，再去折荨麻，去掉叶子，只剩茎干。根据需要折断适当长度的茎干，然后用硬币从中破开，把茎干撕成细条，最后把这些荨麻细条编织在一起即可。

安全活动

切勿单独一人穿过丛林进行户外活动。人多热闹，乐趣会更多。而且，朋友和家人会在需要的时候给你提供帮助。有些较为陡峭或多岩的山地不宜独自活动，即便是爬上一根牢固的树枝这么简单的事情，也需要他人的帮助，因为平滑的树枝上没有可踩踏的支撑点。

保持健康的体能

经常进行体能训练，保持强壮的体魄，会使户外活动变得更轻松。每天清晨起床后，精神抖擞地舒展开自己的身体，进行一些简单的体能运动。最好从以下"向森林致敬"的动作开始。

1. 森林中，棕榈叶随风飘扬——双拳紧握，向上伸直胳膊，左右摆动身体，拉伸腰部。
2. 这时，狮子出现了，在森林中大声地怒吼，你必须迅速逃跑——双脚分开，进行蛙跳练习。
3. 为了躲避狮子的追捕，你躲进山洞里——抬高手臂，分脚站立，保持腿部伸直，双手从上往下屈身，尽量让头部伸向地面。
4. 你小心翼翼地从山洞往外向右张望——直起身体，向上伸直手臂，侧身弯下，用左手去触碰右脚脚踝，右手伸直，向上延伸，头偏右，朝上望向右手。
5. 向左张望——转向身体的左边，重复上一步动作。
6. 现在，你变成了一只鸟——平行展开双臂，像鸟儿挥动翅膀一样"展翅高飞"……
7. 小鸟落到了棕榈树上——弯下身子，双手尽量触及地面。
8. 太好了！已经摆脱狮子的追捕了！你高兴地亲吻棕榈树的右边——背向合拢双手，悬放在臀部上方，双腿站直，弯身亲吻右边膝盖。
9. 再亲吻树的左边——转向左边膝盖，重复上一步动作。
10. 接着，直起身体，双手依然合拢放在身后，双腿分开站立。
11. 最后，你从棕榈树上跳下来——向上跳跃，双脚并拢落地。整套动作完成，你已经为应对户外探险活动准备好健康的体能了！

跨越障碍物

在户外探险途中，难免会遇到类似小溪之类的障碍物阻挡了前进道路的情况。所以，你应当事先在家里练习如何跨越障碍物。

在两棵树之间拉一根粗壮的绳索，离地约1米高。不必系得很紧绷，可略为松垮。然后，由其中一棵树出发，双手向前紧抓绳索，让身体悬垂在绳索底部，双腿从两边交叉在绳索上。其中一条腿保持弯曲状态，紧紧地扣住绳索，确保身体不会掉到地面上；另一条腿缠绕着绳索作为支撑点向前蹬，使身体向前移动。然后调换双腿的姿势，就这样交替着一步一步地从绳子的一端爬行到另一端。

如果你已经掌握了这种双腿交替向前移动的方法，就不用担心探险途中如何跨越遇到的障碍物了。

制作木筏

如果是遇到大河，则需借助木筏才能渡过。为此，需要准备若干木桩和一根长绳。木筏较重，不宜搬运，所以，应在河岸边就近制作。此外，还要准备一根结实的长树枝或木块作为船桨，像威尼斯平底船一样。

更简单的解决方法就是利用气垫床作为木筏，直接充气便可使用。

难道不用防蚊虫？

生起篝火

自50万年前，我们的祖先就已经掌握了生火的本领，并因此能够离开温暖的非洲热带地区，迁往欧洲生活。在欧洲，即便是在夏季，夜晚的温度也会很低，寒冷的冬季持续时间也很长。如果没有火，人类是难以存活的。

火不仅可以用来取暖，还可以带来光明，甚至吓退凶猛的动物，在夜晚起到保护自己的作用。最难能可贵的是，因为有火，人们能煮食或是烧烤，从而使食物变得更健康美味。在户外活动中，每天清晨喝上一杯在火上煮沸的热茶，是多么惬意的事情；到了晚上，大家围坐在篝火旁，讲着有趣的笑话或是好玩刺激的故事，其乐融融。

但火也是危险的。如果使用不当，会引发火灾，危及生命。所以，务必掌握安全用火措施。

安全用火准则

✗ 小孩必须要在大人（或是有经验的生火员）的监督下才能生篝火。

✗ 时刻留意篝火的动向，最好选出一名防火员，负责监看篝火。

✗ 为了及时扑灭引发的火灾，在篝火旁应事先准备一些覆盖物，如沙子、泥土或水。

✗ 如果可以，在明文规定的场所生火。或者选择空旷的场地或是在河流旁生火。切忌在私人场所、丛林中、街道旁、轨道旁或是高速公路上生火。

✗ 只用木料生火，也可以用木塞、干草或旱纸（也是用木材制造的），切勿把塑料或是垃圾扔进火中。

✗ 事后一定要小心翼翼地把火苗熄灭：在篝火周围用小石块围绕一圈，用棍子在这个石块圈内把灰烬拨开，往上面泼水。

✗ 最后用泥土掩盖，确保不留任何可引发火灾的火苗。

生篝火的重要提示

布置生火场所

没有木材就无法生火。因此，首先要收集干燥的木材，并把它们放在地面上。潮湿的树枝和树叶不仅点不着，反而会熏烟，所以，切勿直接从树上摘取树枝和树叶。

收集木料

趁天还亮着的时候就开始收集生火用的木柴，避免天黑之后看不清导致行动不便。木料宁可多，不宜少。

最好是捡从树上掉下来的干树枝和叶子。针叶树（如：云杉、冷杉、松树）的枝干柔软，极易生火，却会带来浓烟；阔叶树的木料相对较硬，并不如针叶树般容易着火，却几乎没有烟，且燃烧的时间较长。桦木是唯一即便在潮湿的状况下也能生火的木柴。

开始生火时，先用火柴点燃一撮铅笔大小的树枝或干草、云杉叶等。柳絮、香蒲、干枯的苔藓、欧洲蕨、木屑、刮下来的树皮等也都是很好的燃料。如果找不到这些材料，用炸薯片也是可以的。

点燃火苗之后，在上面搭建大小各异的木块，让火势逐渐加大。先放小块，再逐渐放大块的，循序渐进地往火堆里加入木柴。

柴堆不宜过于靠近篝火，避免火势过猛，一并燃烧起来。在篝火旁可以摆放潮湿的木块，借助热量去烘干这些木柴。

我也可以发光哦！

常见的篝火搭建方式

生火前，先考虑清楚：需要搭建什么样式的篝火。根据搭建方式的不同，木柴的选取及点火方式也不一样。篝火常见的搭建方式如下：

金字塔式：将大块木柴或树枝相互支撑竖立起来，呈金字塔形搭放。这种篝火分层最多，适合取暖和煮饭，极其方便。

星星式：将木柴或树枝呈放射状平行摆放，从中心点燃，逐渐向外围燃烧。这种方式能节省木柴。

宝塔式：将木柴交互呈宝塔形一层接一层地往上叠放，每层之间预留一定的空间，便于燃烧过程中供应足够的氧气。这种方式的篝火火势大，热量足，用于大型露营极佳。

地洞式：如果遇到有风的天气，则先在地面挖一个环形的地洞，然后以金字塔形搭建木柴。这是所有搭建方式中最不显眼的。如果遇到倾盆大雨，可以在燃烧着的火堆上放一块石块挡风雨。但要小心：石头会被烤得很烫！

不用打火机怎样生火

生火前

选好篝火场所后，用小石子在生火处围一个圈，这样能避免火势恣意蔓延。如果是小型篝火，则围一个直径为50～60厘米的石圈；如果是大型篝火，则石圈的直径至少要达150厘米。在这个石圈内放置所有的木柴（如枯草、干枯的树枝等），并且要选取干净的地面。

点　火

紧张的点火时刻到了！首先，在石圈中央放置一些干枯、细小的枝叶，这是篝火的基底。也可以在上面添置烧烤用的燃料，但不能是酒精、汽油或是其他易爆燃料。然后，再在上面呈金字塔状搭建小块木柴。

划亮一根火柴，尽可能贴近篝火的最底层，点燃枯枝叶。可以趁着火势轻轻地吹气，让木柴更快地燃烧起来。当火苗渐渐稳定后，逐渐往火堆上添置木柴。先放置轻薄的，再逐渐加入大块且厚实的。

只有火很旺的时候，才往火中添加新鲜的树枝。

要密切留意在火堆中预留足够的空间，没有氧气是无法燃烧的。因此，应以搭建的方式尽可能松散地添加木柴。但也不能过于随意，以避免火苗乱蹿，带来危险。

在这个过程中，你慢慢地就知道怎样可以让火越来越旺了。

晚上入睡前，先把篝火的余烬集中到一处，以便次日清晨使用。如果是打算撤营离开，则务必确保这些灰烬已完全被熄灭。

怎样徒手生火

　　在还未发明火柴和打火机之前，人类就已经学会了用各种各样的方式取火。用打火石和黄铁矿或金属相互碰撞击打能产生火花，用硬木棍和极其干燥的软木（如针叶树枝干）进行摩擦也能起到同样的效果。借助太阳和放大镜或老花镜（镜片中央是透镜，起聚光作用）或拱形玻璃瓶底也可以生火。把放大镜放在太阳底下，调整位置使得太阳光透过镜面落在纸上的光聚成一个光点，用不了太长时间，光点处就会开始冒烟。然后，小心翼翼地往冒烟处吹气，只要保证氧气充足，冒烟处很快就会着火。

探险小帖士

防水的火柴

　　把火柴头浸入液态蜡中，等风干后放到塑料袋中保存，这样就能避免火柴受潮。点火前，用指甲把火柴头上的蜡抠掉即可。

27

寻找食物和水源

户外饮食

　　在欧洲，没有漫无边际的沙漠，也没有偏僻的孤岛。在这样的环境中进行户外探险，你不必担心会被饿死或渴死，因为沿途每到一处，方圆百里之内就可以找到社区、村庄或商店。因此，在出发前不必紧张地准备各种求助他人的措施，这应当是在危难时刻才考虑的，反而更应该事先了解如何在没有他人的帮助下自行找到食物和水源。

一个人一天所需的食物和水

　　食物量：因人而异。一般而言，每人每天摄入的热量应为8000千焦左右。应在探险前根据自己的体质获悉具体的营养摄入量：可以通过在一段时间内记录下自己每天摄入的营养热量来检测。要考虑到，当你非常疲惫时，可能吃得更多。因此，可以把轻便的燕麦棒作为救急食品装入背包。

　　饮水量：至少两升。在炎热的夏天或是探险途中过于奔波劳累，则需要摄入更多。但也应避免不断喝水，摄入水过多，会对身体造成负担。

如何保证充足的饮用水

　　倘若是进行长途探险，那么水是一个大问题，因为水很重：一升水的重量为一千克。这就意味着，你每天要背着至少两千克（即两升）的水行走。这个负担是非常大的。出于安全考虑，不可以随便乱喝户外的水（如河水、井水或是池水等）。因此，在每天的行进中，至少保证能经过村庄或是商店一次，以便在当地购买卫生的饮用水。有些旅店在户外设有相应的休憩站，所以，在出发前应打听清楚。

寻找水源

如何解决水的问题

为了健康，人每天至少要喝两升水。最好是喝饮用水或是果汁。但这些水和饮料都很重，无法一次性携带太多。因此，你必须事先计划好如何在旅途中补给水。沿途会有商店、旅店、休憩站或是山泉口，这些地方都能及时为你提供水。此外，请节约用水。不要用饮用水洗手，可以在清澈的小溪里清洗。刷牙时不一定需要很多水，只需含着满满一口水简单漱一下即可。你可以在家先练习一下。

如何获取干净的水

尽管在我们的身边到处都可以看到水，但并不是所有的水都适合饮用。溪水、河水、池塘水以及湖水很可能被污染了，只能用于洗涤，不宜饮用。但大可放心地去饮用清甜的山泉水、新鲜的雨水（当然，这里指的不是屋顶或是雨槽里的积水）以及干净积雪融化形成的雪水。在阿尔卑斯山以及其他高山上，潺潺的山涧流水经常被人们饮用。流速越快，越是冰凉和清澈的水，则越适合饮用。但在饮用前要注意：先确定水源附近有没有农场或是水中是否有被遗弃的动物尸体（如羚羊、山羊、鸟等），以免中毒。你也可以在清晨用手帕收集草地上或灌木丛中的露珠。

如果遇到下雨天，一定要把雨水收集起来。你可以在户外摆放几个容器，也可以平行地敞开一张雨篷，让雨水积聚在雨篷的中央。这种平铺罩在上空的雨篷也适用于露珠的收集。这时，只需要在雨篷的中央放一块石头，然后在石头下方放置盛水的

哈哈！
我爱蚕人！

容器。清晨的露珠会落在雨篷四周，然后向低陷的中央滑落，在石块处汇聚，落入容器中。用这种方法收集雾水，也是管用的。

如果雨篷无法固定在树枝或是高耸的物体上，则需要在地面挖一个地洞，把容器放到洞中央，然后用雨篷罩住地洞，在雨篷四周放置数块石块起固定作用。最后，在雨棚中央，即容器上方放置一块石头。

也可以用干净的塑料袋套在枝叶繁茂的树枝上来收集饮用水。最好选取规格为10升的冷冻袋。塑料袋的开口当然是朝上捆绑的，以便水珠滴落到袋内。植物由于光合作用会产生水，即使这水是用塑料袋获取的，看起来并不是那么干净，但确实是可以饮用的。

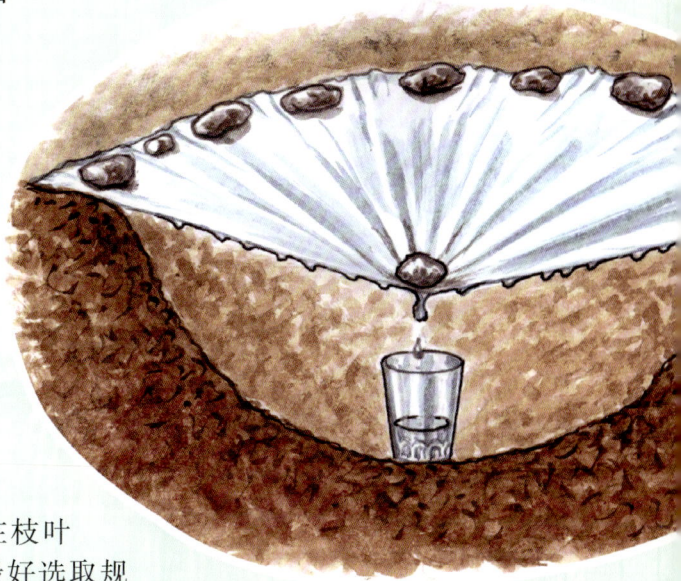

探险小帖士

如何对水进行消毒

即便是从干净水源处获得的水，在饮用前也要用消毒药片进行消毒，这种药片可以在药店中购买到，应随身携带。如果没有这种药片，则应把水煮沸再饮用，这样也能起到消毒的作用。最好先用一块洁净的手帕（或可吸水纸巾）把水中的杂质过滤掉，然后煮三分钟（如果是在海拔高的地区，则应煮更长时间，因为该地气压低，水的沸点降低，不到100℃就沸腾了）。煮开后，放置直至冷却，再饮用。

捕 鱼

如何捕鱼

在浅浅的小溪里徒手捕鱼并不是一件容易事。一方面，鱼在水中全身又湿又滑，不易被逮获；另一方面，它们总是躲藏在角落，不易被察觉。另外，水的密度比空气的大，光线在水面发生折射，人眼看到的鱼所处的位置比实际的要高。要想捕到鱼，必须考虑到这点，并掌握鱼的准确位置。

在我们生活的环境中，所有的鱼类都是可食的。当然，不同的鱼的味道是不一样的。有些鱼吃起来很香，而且鱼刺不多；但有一些鱼味道一般，而且有很多鱼刺。一旦捕获了鱼，最好趁新鲜就烹饪了，因为鱼很容易变质，不易长期存放。

如何巧妙地捕虹鳟鱼

虹鳟鱼喜欢埋伏在湍急且清浅的水域，伺机捕获水面的飞虫。虹鳟鱼美味可口，是不可多得的徒手可捕的佳肴。具体做法如下：小心翼翼地从后面靠近水流中的虹鳟鱼，双手像是要捧起一块石头，轻轻地从后往前把虹鳟鱼包围。一旦已经伸到鱼鳃处，双手迅速合拢，不必过于使劲，从水中捉起虹鳟鱼。这样就可以捕获虹鳟鱼。当然，最好事先多练习。

> **重要提示**
>
> 禁止在受保护的渔区进行捕鱼。

用抄网捕鱼

可以去商店买现成的捕鱼的抄网，也可以从破旧的T恤衫剪下一块布，把它系在废弃的网球拍上，自制成抄网。借助抄网可以轻而易举地从水中捕获鱼。

如何捕鱼

找一根至少1.5米长的竹竿，在其中一端系上一根细线（如渔具中抽取出来的渔线）。细线的长度要大于竹竿的长度。为了更好地把握距离，可以在竹竿上画下刻度。在靠近细线末端20厘米处系一些彩色的羽毛作为浮子（鱼会把这些误认为是栖息在水面的飞虫），然后在细线末端系上蚯蚓或是蝗虫作为鱼饵。这时，鲑鱼会被吸引过来。待水面平静了，你就可以用手捕获它们。

如果你在细线末端系上一个细细的弯钩（可以在渔具店中购买到），就可以制成钓鱼竿。利用鱼竿钓鱼很方便。但在抛出渔线的时候，要注意环顾四周，以免渔钩刮伤他人。

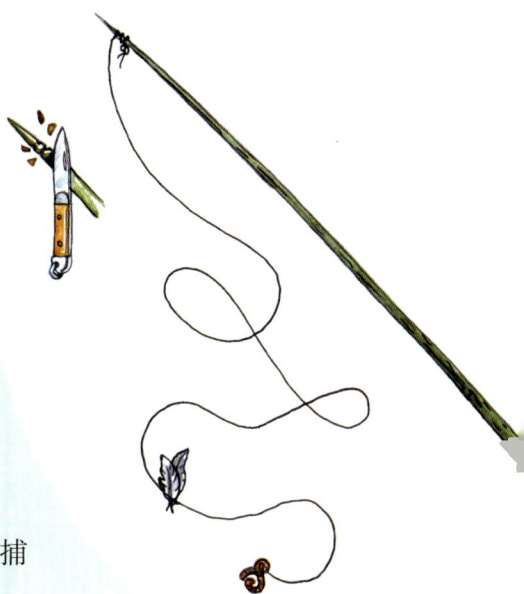

何种捕鱼方式最好

用手捕鱼，最大的好处是可以选择。你可以根据需要捕获自己想要的鱼；用抄网捕鱼、不仅能捕到大条的鱼，而且一次能捕获很多，注意要把不需要的小鱼放生；用鱼竿钓鱼，则要在抛出鱼线时注意安全，避免鱼钩伤害到自己或是他人，而且不知道将会捕到什么样的鱼。如果上钩的是很小的鱼苗，你必须先从它口中取出鱼钩（这一般而言很难），才能把它放生。

你知道吗？

如果你想学钓鱼，可以到当地的钓鱼俱乐部去咨询，甚至可以参加相关的考试，获得垂钓许可证。凭借这个证书，你可以在省内的任意水域进行垂钓。★编者注：此处与中国国情不同。

我可不怕你哦！

使用弓箭

弓与箭

　　尽管不是去狩猎场，但弓箭也是户外探险的必备装备。早在7000～10000年前的石器时代，人们就使用弓箭捕猎了。一些用岩石做成的狩猎器保留至今，并见证了历史的发展。人们甚至发现，被冰封了约5300年的著名冰人"奥兹"也是中箭身亡的，在他的身上还佩戴着弓箭。当时的弓箭是用最结实的紫衫木制成的，但这种木材有毒，因此，必须另寻更为合适的材料。

制作弓柄

　　制作弓柄时，需要准备一根粗3～4厘米，长约1.5米的树枝。橡木或桦木是最好的制弓材料，榆木、白蜡木、枫木、榛木也适合。不宜选用针叶树的枝干。抓住树枝两端，来回弯曲几下，找出树枝原本的弧度，根据这个确定弓的开口方向。然后，小心翼翼地削去表面的树皮，注意不要刮损树枝。

　　弓的中心部位受力最强，应保留一定的厚度，而两端则要削尖（约2.5厘米厚），最好是用小刀进行削切。

　　接着，用小刀分别在离端口约3厘米处刻出两个凹槽，用来捆绑弓弦。不宜选弹性过大的绳索做弓弦。可以从尼龙绳或降落伞皮绳上截取出细线作为弓弦。某些植物的茎皮具有粗纤维，可搓成结实的弓弦，如棉花株、荨麻、大麻、亚麻、苎麻。先在弓的一端系上弓弦，然后把弓柄弯出最大的弧度，把弦的另一端捆绑到弓柄的另一侧。

制作箭

选取无分叉的、手指般粗、长约1厘米的榛树枝来制作箭。新鲜折取的树枝最好放置一个月，等干了之后才使用。然后，用火稍微烧热树枝表面，待树枝变软时，轻轻地把树枝掰直。也可以用这个方法制造弯钩。

砍去枝干首尾零碎的枝叶，小心翼翼地削去树皮，用磨砂纸对树枝表面进行抛光处理，并涂上木器专用油漆（可在建筑市场中购买到）。

这样来确定箭的长度：想象射箭时，一手伸直，握住弓柄，一手弯曲往后收缩，将弦拉至口腔处。箭的长度稍微长于此时两手掌间的距离即可。

在箭的末端系上羽毛，使得箭在射出后的飞行保持平衡。

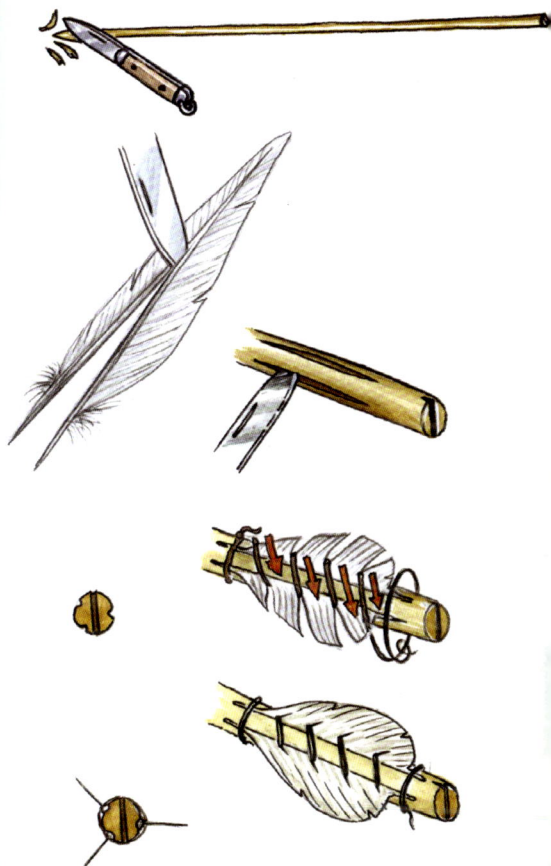

重要提示

只朝目标靶射箭，不可朝向动物或其他人！射箭时，要提防有旁人经过，被箭误伤。

如何射箭

射箭时，一只手握住弓柄，另一只手用箭的尾部顶住弦，水平向后拉伸，并且使箭的前端轻轻搁置在前手之上。瞄准目标，迅速松开弦，箭就会射出去了。但要命中靶心，则需要多加练习。

使用弹弓

投掷工具

弹弓、标枪、吹箭筒等投掷工具在制作和使用上比弓箭简单多了。但同样要注意：切勿朝向动物或他人使用，以免造成误伤！

如何制作弹弓

在石器时代，人们就使用弹弓狩猎了。这种木制的工具，借助橡皮筋的弹力，能把弹丸投射得比徒手远。也可以用小石子或果仁代替弹丸。

制作弹弓，首先需要一个结实的Y形树杈。把树杈不同方向的三段树枝各截成约20厘米长，然后用小刀削去树皮。

注意：为了避免伤害到自己，自始至终用刀的方向都是由里向外，远离身体。但也要提防他人突然靠近，造成误伤。

树杈表面抛光处理后，在Y形的两个枝杈顶端下1～2厘米的位置用刀刻出两个环带的凹槽。

截取一段粗厚的橡皮筋，将它切割成长度相等的两段，末端不要切断，然后用麻绳把两端固定在凹槽处。可以直接从废弃的自行车轮的内胎中截取长约50厘米、宽1.5厘米的皮带作为橡皮筋。

如果你喜欢，也可以在自制的弹弓表面上涂上防水的有色油漆。

如何制作标枪

标枪的制作相对简单多了：准备一根至少长1.5米的直木棍，把其中一端削尖，最好是选用榛树的枝干。只能用笔直的枝干，否则需要先烧热其表面，再稍微使劲将其掰直。

现在，你就可以用标枪练习了：先在目的地画一个需要投掷的靶心（如果是结实的地面，用粉笔在上面画一个圈；如果是柔软的地面，则用手指画就可以），然后练习从不同的方向朝靶心投掷。你可以看看自己需要多长时间才能投中靶心。

探险小帖士

吹箭筒

制作最简单的吹箭筒，只需一根手指般长的厚吸管和纸质的弹丸即可。

南美洲的原住民使用的吹箭筒是用长而中空的植物茎做成的。如果你也要制作这样的吹箭筒，则需要找一根直径至少为3厘米的接骨木茎干，里面填充的木髓很柔软，可以被轻松清除。先从接骨木类植物中截取出这样长为15～20厘米的茎干，然后把里面的木髓请走。

用小刀削去其表面鼓起的节骨眼或者直接把表皮去掉（用刀时要注意安全！），也可以在抛光的箭筒表面涂上防水蜡或丙烯酸漆。

挤牛奶

如何给奶牛挤奶

我们都知道，牛奶不是产于超市，而是来自奶牛。奶制品是儿童成长必不可少的食品，种类多种多样，其中酸奶、凝乳或脱脂乳等奶制品更容易被人体吸收。如果在户外探险途中路过农场，你可以询问一下，是否能够在那里学习给奶牛挤奶。人们以往都得用手进行挤奶，现在大多使用挤奶器。

背景知识

母牛产奶是为了给幼牛哺乳，所以只有在产下幼牛后才会产奶。但怀孕的奶牛无须分娩也能产奶，因为通过每天挤压刺激奶牛的乳房，会让它的身体产生"错觉"，以为是要哺育幼牛了，从而分泌乳汁。奶牛的怀孕期持续约300天，而在这期间，牛奶的质量随着时间的推移逐渐下降。母牛停止挤奶后两个月，又会再次怀孕。如此循环，五年之后，一头奶牛就老了，不再产奶。

每天，奶牛要被挤奶两次——清晨和晚上。即使是在周末或假期也一样，从来不休息。

乳汁被储存在奶牛乳房的输乳管窦中，即便是已经胀满了，也不会轻易地从奶头处溢出。只有当幼牛吮吸时才能流出，这就是人们常说的涨奶。这也是为什么每天都要给奶牛挤奶的原因——当乳房已经胀满乳汁时，奶牛无法自行清空。如果不及时挤奶，奶牛就会非常痛苦，因为随着乳汁的不断产生，乳房越胀越大，从而会出现胀痛。

挤奶

现在，你应该知道在挤奶时怎么做了吧？没错，就是扮演幼牛的角色。不要担心，这并不是要你充当幼牛去吮吸奶牛的奶头，只是需要你用手挤出牛奶。但也并非听起来那么简单，因为单是会挤压奶牛的奶头是不够的。为了掌握正确的挤奶技术，以下是一些重要的提示。

正确的挤奶方法：

✗ 搬来一张专供挤奶用的小板凳，在奶牛的乳房旁边坐下。

✗ 一手抓住一个奶头，用拇指和食指挟住奶头"颈部"，其他手指包住奶头。

✗ 依次用中指、食指和尾指挤压奶头，将牛奶挤出。

✗ 重复上述动作。

重要提示

如果挤奶动作过于剧烈或有人在旁边大声喧哗，奶牛有可能受到惊吓，从而导致产不出奶。这时，奶牛身体内的激素发生作用，抑制了乳汁的分泌。

你知道吗？

一位有经验的挤奶工只需约一分钟就能挤出一升牛奶。不仅奶牛可以产奶，山羊和绵羊也可以。在蒙古，人们甚至从牝马（母马）身上挤奶。羊奶比牛奶更易于被人体吸收，有些体质敏感的人甚至只能喝这类奶。

露天煮食

在前面的介绍中，我们已经学会了如何生篝火。煮熟了的食物更易于人体吸收和消化，因此，我们必须学会在户外活动中用火煮食。最简单的就是烧烤。

烧烤

先用锡纸把土豆、洋葱、玉米等包裹起来，避免火势过大把食物烤糊。然后，把它们放置到篝火边进行烧烤。如果可以，用小刀削出一根根又细又尖的光滑竹签，然后把一些火腿肉、面包片、苹果块、红薯片等穿叉起来放到火上烤。还可以在发酵面团中加入火腿粒，然后再缠绕到木棍上，用篝火烤熟。

用石块做饭

向火中放一些石块，砌成平坦的石面，这就是简单的炉灶了。注意，不要用手触碰这些滚烫的石块，以免被烫伤！等到火势慢慢减弱，只剩些许火星时，放上一面平底锅，然后就可以烙饼（浇上事先调制好的面糊）、煮汤或是炒玉米了。

清除石面上的沙粒和泥土后，可直接把面团放到滚烫的石面上烤。一边烤，一边在上面涂抹番茄酱，甚至可以添加火腿粒、香肠和奶酪，一份特质的比萨就烤好了！在滚烫的石块上还可以烧烤呢！根据个人口味喜好，用竹签串起不同的蔬菜片（如洋葱、辣椒、西葫芦、蘑菇）、事先腌制过的火腿和肉片，放在滚烫的石块上烤。

你们在晚上可以看到我哦！

用手吃饭

在户外生活，洗碗是一件很麻烦的事，而且用过的餐具不能随意丢弃，否则会滋生蚊虫和传播疾病。所以，最简单的解决方法是：尽可能避免使用餐具，用手直接吃饭。勤加练习，这并非难事。喝汤或蘸酱时，可以用面包或薯片蘸着吃。

厨房清单：

✗ 塑料餐具（碗、碟）
✗ 金属或塑料用具（刀、叉、勺）
✗ 带开瓶器的刀具
✗ 锅
✗ 盐、胡椒、糖
✗ 汤料
✗ 茶包
✗ 环保洗涤剂
✗ 垃圾袋

探险小帖士

篝火烤面包

用500克面粉加250克水、半茶匙盐、一小包干酵母，揉成面团。先放置几个小时，然后再揉一次，面团就做好了！如果想要烤出来的面包更香，就在面团里加香料；加一汤勺橄榄油，面包会更松软；加一汤勺糖，面包会更香甜。刚烤出来的面包涂抹上果酱或奶油会更加美味。

可吃的野果和野菜

哪些野生植物是可吃的？

　　古代没有超市和商店，但人们却熟知本地供食用的每一种植物。他们知道哪些植物的叶子、花朵、根茎、种子和果实是可以吃的，而哪些又是不能吃的。他们甚至清楚地知道各种植物的药用功效，因为当时也没有药店。这些古老的知识现在已差不多被遗忘了，所以你有可能手捧一束植物，即便能说出它们的名字，也无法确定它们是否有毒。因此，不可轻易地摘取野外的植物食用，这是非常危险的！

　　你应当熟知花园里的每一种植物。只有当你非常确定这些野果和野菜是安全无毒的，才可以放心食用！其中，覆盆子、黑莓、榛子、草莓都是可食用的；蒲公英、荨麻也很容易与其他植物区分开，用这两种植物的叶子可以做野菜沙拉。这些植物的嫩芽部分或茎干处的嫩叶是最美味的。

采集野菜

　　最好在树林边、林中空地、草坪上采集野菜。因为在这些地方植物受污染程度小，可免受有毒物质的侵蚀或农药浇灌的危害。在街道边、铁路旁或新植的草坪上的植物不易采摘，因为这些植物的叶子长期暴露在被污染的空气中，而且可能受到动物粪便（狗屎、马粪、牛粪等）的污染。

> **重要提示**
>
> 　　蘑菇的种类很多，有些含有剧毒，却与一般菇类长得很相似，只有专家才能区分它们。所以，在野外不要轻易采食菇类！

可食用的野果

下面这些野果是可以吃的：

棕色：枇杷、榛子、板栗

黄红色：野苹果

橙色：沙棘

红色：红醋栗、覆盆子、欧亚山茱萸、山楂、小檗、曼越橘、草莓

蓝色：黑莓、蓝莓、唐棣、桑葚、黑醋栗、黑刺李

榛子　板栗

覆盆子　草莓

蓝莓　黑莓

当心有毒！

下面这些野果是有毒的、不可食的：

白色：槲寄生、雪浆果

红色：红色荚迷果、红色忍冬果、大叶黄杨、冬青、瑞香、欧白英

蓝色：女贞、野葡萄、红色山茱萸、鼠李、常春藤、蓝色荚迷果、欧鼠李、蓝色忍冬果、颠茄。

有些闻起来像杏仁、桃子的野果最好不要采摘，因为当中可能含有有毒的氢氰酸。

颠茄

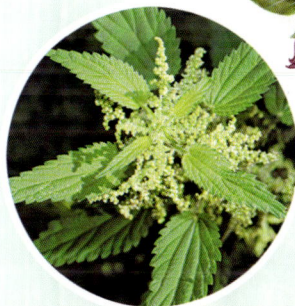

应急食物

在野外，这些东西可以食用：

✗ 只食用自己熟知的浆果类、果仁类、菇类（煮熟了的）

✗ 干净的荨麻叶、羊角芹叶和蒲公英的叶子可以做沙拉或是煮食

✗ 所有鸟蛋都要煮熟了再吃，或制成炒蛋或荷包蛋

✗ 煮熟了的蚯蚓、蜗牛、蜘蛛、鱼类

你知道吗？

安全采摘荨麻叶

采摘荨麻叶时，最好戴上手套或从下往上抓住茎干，避免被螫毛扎伤。但在食用时不必担心这些螫毛，因为在做沙拉的过程中，由于搅拌或液体（沙拉酱）的作用使得这些螫毛软化，不会伤到嘴巴。

储存食物和防御野兽

储存食物

在户外探险途中，无法随身携带冰箱或密封的储物柜。有些食物，如香肠、肉类、奶酪，如果没有冷藏，会很容易变质；而像面包、饼干、甜食这些食物容易招惹蚂蚁；如果饮料开启之后没盖严，蜜蜂也会一头扎进瓶中。如果不想发生上述情况，我们就必须学会一些储存食物和饮料的方法。

防蚊虫

食物容易招惹蚊虫，它们会被食物的气味引来，如蚂蚁、黄蜂、蜜蜂以及苍蝇。蚂蚁会在短时间内爬满食物，让你很烦；而黄蜂和蜜蜂可能会蜇伤你；但最可恶的还是苍蝇，它们很可能刚离开动物的尸体或粪便（它们在那里产卵），脚上沾有会引发疾病的细菌，落到食物上面，这是十分危险的。因此，应尽量避免食物被苍蝇接触。

为了防止蚊虫，应把食物放在细密编织的网兜中，开口密封，向上悬挂在树荫处。

探险小帖士

制造冰箱

冷藏食物和饮料的最简单方式如下：

用湿巾包裹住需要保鲜的食物，水分的蒸发会导致温度下降，这可起到冷藏的作用。湿巾必须一直保持湿润。

另外，在山洞或自己动手挖的深地洞中，温度比地表温度低。所以，可以把食物储存在里面，起到保鲜作用。瓶装或罐装等密封的食物可以直接储存在装有水的桶中或平静的河水中（当然，应该用绳子拴住食物，避免被河水冲走）。

防止动物偷食

　　虽然在我们生活的环境中不会有熊一样凶猛的动物出没，但也要防止食物被偷食。刺猬喜欢在夜晚偷偷地爬出来舔食餐具上的食物残渣，迷路的野狗、浣熊（不要感到惊讶，因为在某些地区会有浣熊出没！）和其他动物也会被食物散发出来的香味吸引过来。这些情况都应当引起你的注意，并做好防护措施。因为，来偷食的动物有可能会由于受到驱赶的惊吓而反过来伤害你。

　　已经开封了的食物要装入密封的食品袋中储存，防止气味散发，招惹动物。晚上，用厚厚的食品袋将全部食物打包好，放在帐篷中。如果没有帐篷，则把食物装入袋中后，把袋口封紧，用绳索将食品袋悬挂到树上。悬挂的位置最好不要太靠近自己睡觉的地方。确保绳索够结实，防止食物过重掉下来。

探险
小贴士

选择易于存放的水果

　　很多水果不易在过热的环境中存放，容易发霉或变质。所以，在探险途中，可以选择一些便于储存和保鲜的水果，如苹果、梨、菠萝和橙子。你也可以考虑用干果代替新鲜的水果，如杏干、葡萄干和李子片。这些干果不仅美味，也易于被肠胃吸收。

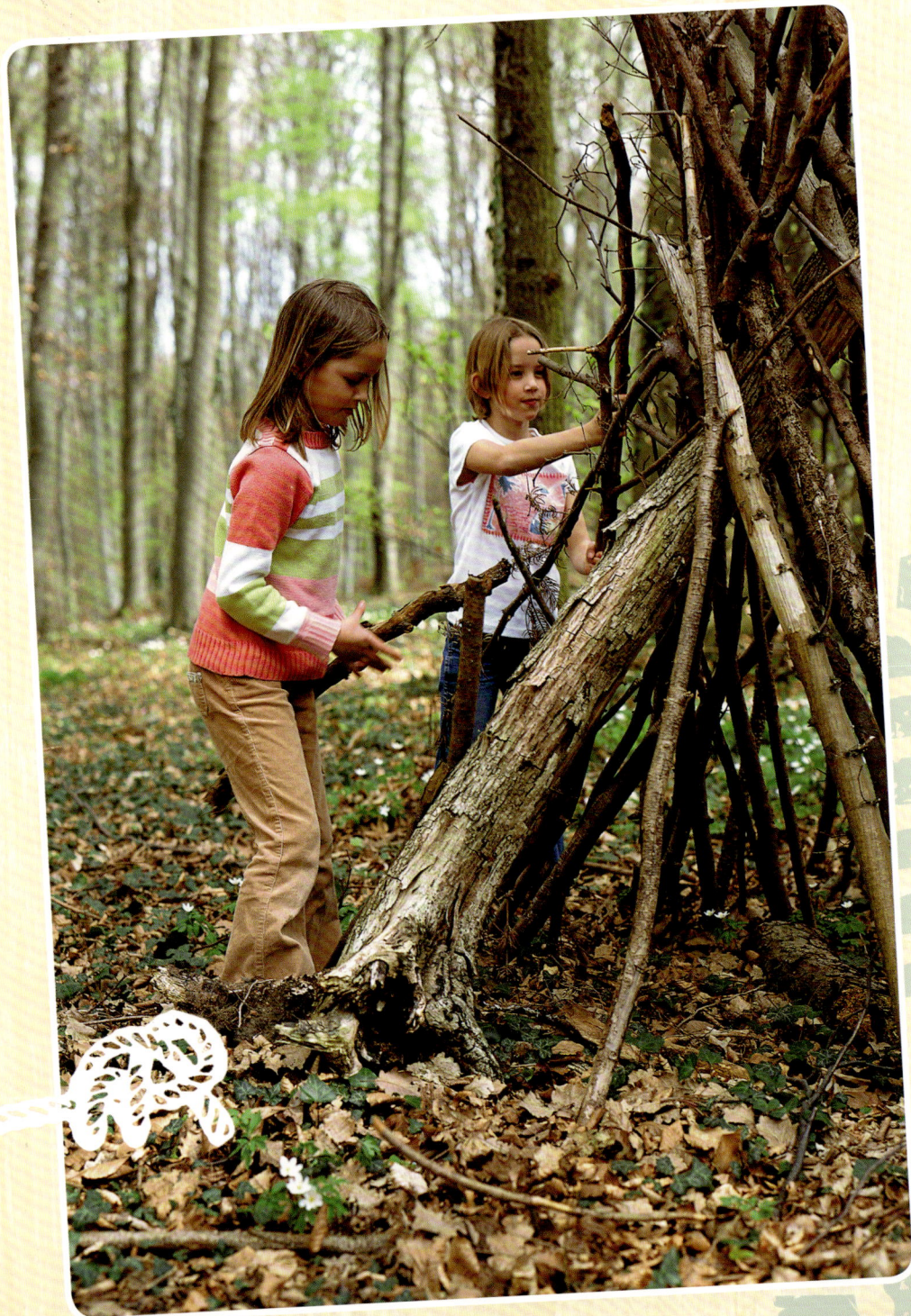

户外栖息

在探险途中，有时需要在户外过夜：可能是遇到了糟糕的天气，没办法继续前行；可能是迷路了，一时间无法确定明天天气是否好转；可能是同伴受伤了，必须安顿下来等待救援。户外栖息场所不仅能遮风挡雨，还可以御寒保暖。

寻找天然的"窝棚"

在动手搭帐篷或大费周章建造户外窝棚前，先好好观察周边的环境。你也许会发现一些天然的栖息处：繁密的灌木丛、长满粗壮枝干的大树、山洞或是向外延伸的岩石，这些地方都非常适合过夜。如果这些天然屏障恰好是西北朝向，还可以搭建成"树棚"。

事先做好准备

如果你没有随身携带帐篷，也没有找到天然的屏障物，那只好自己搭建户外窝棚。首先需要选择正确的搭建场所。注意事项请参见第58页。

重要提示

夜幕降临前完成施工，避免在夜晚遭受动物的侵袭！

不管是搭建帐篷还是其他窝棚，这些规则都是适用的：

- ✗ 开口（入口处）应朝东南方向，这能最大程度地遮风挡雨。
- ✗ 如果是在雨天，事先在地上铺一张帆布，防止雨水渗入。
- ✗ 避开黑夜，选择在白天进行施工，方便收集搭建的材料，如树枝、树叶、干草、干苔藓等。

搭建圆锥形帐篷

如何搭建印第安帐篷

　　人们在印第安电影中已经见过这种帐篷：一种圆锥形的帐篷，也被称为"棚屋"。对于北美的原住民而言，这种帐篷收放自如，非常实用。搭建的材料也很简单，只需要若干长柱子和一些可撑开的皮革制品。另外，这种帐篷便于携带，适合长途跋涉。

所需材料

　　搭建印第安帐篷很简单。首先需要准备至少六根长柱子，每根柱子长2米以上——等同于一个高个子的身高。用这些长柱子在地面围成一个直径约为1.2米的圆形底座。如果想要底座面积更大，则需要准备更长的柱子。把每根柱子竖立起来，确保扩展面的平滑。不能出现某根柱子和其他柱子不在同一平面上的情况。用绳索在距离柱子顶端约20厘米处把全部柱子捆绑在一起——最好用三脚式进行捆绑。这样，所有的柱子围成了一个锥形的架子。柱子间有空隙的地方可以用短的木条、树枝或枯草等填充（别忘了预留出入口！）。用一张宽大的防水帆布盖在支架表面，并用绳索固定好，抵御雨水的侵袭。这样一来，圆锥形帐篷就搭建完成了。

搭建树棚

比起印第安帐篷，更简单的是树棚的搭建。直接围绕着一棵大树，用粗壮且笔直的树枝围成一个半圆形的倾斜面。也可以用一根至少长3米的结实树枝、一根齐肩的树杈和大树捆绑成一个三脚架，然后围绕这个支架倾斜地把其他树枝搭上去，用绳索把各部分牢固地捆绑在一起。

最后，像搭建印第安帐篷一样，也在树枝缝隙间填充枯草和树叶，形成严密的棚顶，防止雨水灌入。

花园里的帐篷

你也可以借助花园里的植物搭建一个天然的帐篷，这样就有了一个得天独厚的休憩和露宿场所了。在种植花园里的植物时，就要开始筹备了。先在地面上撑起若干柱子，围绕这些柱子播种植物的种子，如：旱金莲、牵牛花或风铃草。这些植物生长迅速，只需要一个夏天的时间，就可以在支架上枝繁叶茂地生长。这样，一个天然的帐篷就形成了。

探险小帖士

三脚式捆绑

在搭建圆锥形帐篷时，为了确保各个柱子围绕一个支点，呈X形向外支撑开，就必须进行所谓的三脚式捆绑：先在第一根柱子离顶端约20厘米处打一个绳结，然后并排放上第二根柱子。用绳索缠绕两个柱子，不要打结。缠绕约3厘米后，将绳索穿过两根柱子，围绕绳圈继续绕若干圈。最后，与预留出来的绳头打结。

帆布帐篷的搭建

简单的帆布帐篷搭建

　　锡箔纸和帆布都可以防水，适合雨天使用，是搭建帐篷的最佳材料。因此，要是能在户外探险途中配备在建材市场买来的帆布（如规格为2米×3米）就更好了。也可以在户外店买极轻的涂油防水布（即油布），这种油布配有绳扣或系索（加固索）、升降绳索和绳栓。在建材市场买来的帆布比较笨重，不易于携带，但价格便宜，比特制的油布更实惠。

　　想要搭建这种简单的帆布帐篷，首先需要一根粗壮且结实的树干。可以选取从树身延伸出来的离地60～80厘米的枝干。先把帆布搭到树干上，做成帐篷的棚顶。在铺展帆布的时候，要格外小心，避免划破或戳烂了。然后用石块或重木桩压住落到地面上的帆布脚，避免帆布被风刮走。如果是用特制的油布，则用配备的系索或绳栓固定。

搭建支架

如果找不到低矮的树干，就必须自己动手制作一个帐篷支架。可以搭建印第安帐篷或树棚的支架，也可以用一根长而直的树干（至少长2米）和两根短枝干（至少长1.2米）捆绑出一个三脚架。然后，撑开支架，得到一个狭长的锥形支架。这时，只需把帆布铺在支架上，然后用石头固定住帆布边缘，简单的帆布帐篷就搭好了。

如果途中带有小艇，把小艇倒置，也能制成帐篷的支架。

在没铺盖帆布前，就应当先布置住所。没有帆布的阻碍，布置起来会比较方便。最好选取低矮的遮蔽处。如果地面过于潮湿，则应先在地上铺一张隔水帆布，然后在上面铺上树叶、苔藓和枯草。

救急避雨措施

在很多运动品商店都能买到这样一种旅行袋：体积大，坚固结实，用防水帆布制成，有着方形的底部。在户外活动中，如果突然遭遇暴风雨，这种旅行袋可以变成紧急避雨工具：先找到一处安全的地方，然后蹲下来，背对雨水袭来的方向，把旅行袋底部朝上举起，顶在头顶。注意：一定要预留出呼吸口，切勿把密封的塑料袋套在头上！

这种大型的旅行袋不仅结实耐用，而且轻巧、可折叠，便于携带，在户外活动中非常实用。在户外过夜时，可以用它装行李，避免行李被露水打湿；也可以用来收集树叶、枯草和苔藓，继而铺设帐篷内的床。如果地面比较潮湿，还可以坐到旅行袋上，避免起身后湿裤子的尴尬。天气炎热的时候，它甚至可以变成"冰箱"：把需要冷冻的饮料放入行李袋中，然后用绳子绑住把手处，把旅行袋放入水中——绳子的另一头系在岸边的树上或类似物体上，用来固定。

野营场所的铺设

如何建造野营处

要想真正体验户外探险的乐趣，当然少不了建造野营场所——尽管可能并不在户外过夜。这里所说的野营处实际上就是指人们在户外的"家"。如果能亲手建造，那么，在完成的时候，就会发现这种感觉是如此美妙：在大自然中也有家了！每次踏入，都会感觉到家的温馨。而且，这样一来，也会更加熟悉周边的环境，并能与本土的动植物更好地相处。

需要哪些材料？

用哪些材料建造营地在很大程度上取决于周边的环境。如果是在丛林中或树林旁野营，那就尽可能收集周边散落的树枝和木头。这些树枝和木头可能并不会很粗壮，所以要尽可能多地收集一些——越多越好。用这些散枝落叶进行多层铺设，铺设得越厚越好。底层厚20～40厘米就可以了。然后，在上面再铺一层柔软的细枝、干草和落叶。这样一来，能很好地隔绝地面的潮气，避免受寒。这一层至少厚10厘米，这样才适合躺在上面休息。在铺设的过程中要试着坐上去体验一下，尤其是铺设得最薄的地方。

重要提示

　　不要收集多刺扎人的树枝，相反，多采集一些柔软的枝条或是枯草。

　　也可以把帆布铺在最底层，这样能隔水防潮。还可以用它来搬运枯草落叶。但是别忘了在拆除帐篷时带走它。因为，被遗弃的帆布会破坏自然环境！

简单便捷的吊床

　　如果有吊床，只需要找到两棵粗壮的树或是两根对立的柱子，就可以制成一张简单便捷的床。吊床也可以用来储存食物，能避免食物在地面上受潮，并且还易于携带。这时，根本不需要大费周折地收集枯枝落叶，只需要学会捆绑吊床的打结方式——营钉结就可以了。等把吊床绑牢在两棵树之间后，就可以舒适地躺在上面了。

我喜欢玩捉迷藏哦！

温馨小提示！

　　在户外用品店甚至会出售一种吊床帐篷。这种帐篷配有防蚊的蚊帐和遮风挡雨的篷顶，很适合于户外活动。

砌一座雪屋

来自因纽特部落

在格陵兰岛，孩子们在学校里除了要学算术、写字和阅读外，还要学习搭建圆顶雪屋。尽管如今大部分的因纽特人居住在固定的瓦屋和木屋里，但是这种圆形雪屋在户外活动中仍然发挥着不可或缺的作用——例如，在户外突然遭遇暴风雪，这种雪屋就可以起到临时抵御恶劣天气的作用。

如何搭建

即便没有遭遇暴风雪，搭建圆顶雪屋也是一件令人神往的趣事。首先要等待一场降雪，因为搭建这种雪屋需要很多雪。然后，戴上厚厚的手套，开始行动吧！

想堆砌一座圆顶雪屋，要准备很多方形的雪砖。如果身边的积雪足够厚，直接就可以从雪堆中砌出一块又一块与鞋盒大小相仿的方砖。否则，先把雪堆积到一起，放到一个塑料盒中，以此为模具，制出雪砖。

首先，在地面上用雪砖堆砌出一个圆形，这是底层，并不需要很宽，直径为1～2米即可。紧接着绕着圆形往上堆砌，每堆砌一层雪砖，都要注意随着雪砖的摆放，圆形逐渐缩小。上面一层的雪砖要比底下一层更往中心靠拢，这样才能保证最后堆砌出来的是圆锥

形。最后，把一块圆拱形的雪砖作为屋顶放到圆锥形的顶部，就大功告成了。

堆砌到第四层或第五层时，可以考虑给屋子安装窗户。做法很简单：直接在需要的位置预留出缺口。如果还想要一扇窗户，则用薄薄的雪片代替。否则，直接让它敞开着即可。

很重要的一点是，在砖头缝隙间填充雪，让墙面密不透风。

最后，还要给屋子挖出一扇门。在门口处挂上一块厚厚的布帘。完成后，走进去体验一下，看看是不是很暖和。

重要提示

不要独自一人堆砌雪屋。如果是两个人一起堆，则让个头高的那个人站在圆圈内，有条不紊地把雪砖紧挨着堆砌起来。不要长时间在雪屋中停留。如果雪屋倒塌了，要及时求救。雪砖很重，会压伤人！

这种雪屋里不可能很温暖，也没办法在里面生火做饭和取暖，因为雪砖受热就会融化，会让人全身湿透。但是，它能挡风抗雪。在晴朗的夜晚，它还能保持室内温度，不让热量外流。而唯一的热量源头就是你的体温，所以一定要穿得厚实些。如果实在太冷，可以点上一盏小小的油灯，这样一来，也能照明。

这点很重要：如果想在雪屋中过夜，就把睡袋铺在一张防水毯子上，防止地面上的冰雪融化，弄湿了身体。

野外露宿

在广阔的大自然中露宿是一次美妙而特别的经历。在黑暗中，一切都变得很不一样。这种感觉在平时的生活中也有可能体会到，如当人们身处漆黑的仓库或荒凉的院子里时。在黑暗中，人的视觉受限，其他感官系统反而更灵敏。人们会凭借耳朵的倾听去辨识远处的声音，凭借手的触摸来感觉近处的物体，凭借身体的敏锐反应去适应陌生的环境。不过，只有盲人才能在完全黑暗中准确地根据各种感觉器官辨识事物，正常人是很难做到的。也正是由于这个原因，人们热衷于到户外去露宿，去感受黑暗中的陌生环境。

在哪里露宿?

如果你从来没有试过离开住所去过夜，那么第一次露宿的地点建议选取在花园或是野营基地中，在帐篷里度过。不用去太大或过于喧闹的野营基地，那样会失去了体会大自然宁静的乐趣，也没法进行户外探险。如果已经体验过在帐篷中过夜，感觉还满意，就可以考虑选择一个温暖的夏夜，不带帐篷，露天夜宿在夜空下。再也没有比这个更美妙的了：头顶上的星空一望无尽，满天的繁星璀璨耀眼，遇到流星的时候还可以许愿。

重要提示

为了避免在夜晚受寒着凉，在野外宿营时应随身携带睡垫（或者是用枯枝落叶自制的草垫），并把它铺在地上。所带的睡袋要适应当地气候。如果太冷，就要多穿衣服和戴着帽子睡觉。

温馨小提示

在野外露宿时的注意事项

穿衣服前一定要抖动一下衣帽，躺入睡袋前也要检查清楚，避免里面有小爬虫。

选择宿营地

选取地点

在搭建露宿住处或帐篷前，为了选取最佳搭建场所，必须环顾四周，仔细考察。因为，再也没有比遇到以下情况更让人扫兴的了：由于地面倾斜，睡意蒙眬中会不知不觉地滑向一边；地面坑洼不平，导致彻夜失眠；被突然倾泻进来的雨水惊醒，等等。想要安安稳稳地睡个好觉，在选择宿营地时就必须注意一些相关的事项。

在我们生活的环境中，想随意选取一处扎营露宿几乎是不可能的。最好去问问附近的农夫，看看能否借用他的田野，你应当愿意为此支付一定的费用或者赠送一份小礼物作为答谢。如果得到允许，务必要保护好当地的动植物和顾及其他人，避免扰乱他们的生活。并且，严格地遵守户外探险的规定。不管露宿的时间有多长，在撤营之后，务必做好清场工作，确保自然景观未遭破坏。

选取宿营地时应注意

- 尽可能选取不会对他人造成干扰的场所。
- 选取宽敞的露天场所。不宜在树下（避免树脂滴落、树枝或朽木脱落），不宜靠近陡峭的岩壁或悬崖（防止被石块砸伤），也不宜建在小溪或河流近旁或在干涸的深谷之中（山洪暴发时有危险）。
- 选取靠近水源的场所，例如在湖泊或者池塘旁。在那里，充足的水源可用于清洗餐具和熄灭篝火。而且，早上洗个清凉的冷水澡也是相当不错的，可以舒缓疲劳，让人神清气爽。
- 在西北方向设置挡风的屏障（如树木、灌木等），因为在北半球经常刮西北风。
- 尽量选取蚊虫少的场所。
- 去寻找并发现最佳宿营地，而不是任意改动大自然的景观来满足自己的要求。为了环保，占用的场地应尽可能小。

保持安全距离

如果只能把帐篷或户外住所搭建在悬崖脚下，那么，宿营地应至少与悬崖崖壁保持10米安全距离。如果岩壁高达100米或者更高，则必须至少保持50米的安全距离。此外，也应与小溪或者河流保持足够的安全距离，因为在暴雨之后（降雨可能发生在离宿营地有一定距离的地方，不易被察觉），河水以每小时5米的速度上涨，容易引发凶险的山洪。如果河流是沿着斜坡流淌，则把宿营地建在斜坡的上方。此外，河水中的水生动物很敏感，为了不惊扰到它们，宿营处应与河岸保持60米的距离。

重要提示

避开雷雨的地区。

花费的时间

搭建宿营地需要1~2小时，如果还想搭建户外住所，则还要花1~2小时搜集材料。如果想在天黑前完成，则必须计划好时间，及时开工。在户外宿营中，最重要的是要先搭建好过夜的住所，再搜集生火的材料（如果想生篝火的话）。

寻找最好的休息地

找到最理想的露营地

当你找到最理想的露营地后，还要决定搭帐篷或棚舍的具体位置。首先地面必须干燥、平坦、柔软，而且足够坚固，这样才能支撑起帐篷桩。另外，地面不能有凹槽、地洞或者土丘。然后，确定扎营处的上方没有摇摇欲坠的树枝或者陡峭的岩壁。

紧接着开始试躺，也就是直接躺到准备扎营的位置，感受一下：是不是舒适？有没有突起的小石子或者岩石块？会不会由于地面倾斜而发生侧滑？是不是像锅面一样平整？如果感觉不对，那就另觅他处；如果感觉合适，就可以着手扎营了。怎样扎营，在前面已经有所介绍了。

在搭帐篷或者棚舍时，让开口朝向东南方，因为这个方向最少受到恶劣天气的干扰。如果在露营地待的时间比较久，而那里又没有厕所，就要同时搭一个厕所。条件允许的话，还可以建一个壁炉。在离帐篷较远的地方设置一个物品储存处，把食物等储备物悬挂起来。另外，准备一个密封的垃圾袋（如折叠式包装箱内附带的垃圾袋）。

露天睡觉时，用一些石头围在睡垫四周，并压住睡垫四角，防止熟睡时滚出睡垫外。

探险小帖士

秘密观察动物

在可折叠式的半球形遮阳篷（也被称为"贝壳篷"）上盖一张不显眼的绿色或棕色的防水帆布，这便是一个绝佳的动物观察点。在帆布上剪几个观察用的洞口，每两个洞口的距离与双眼间距一样，刚好适合人们凑上去，从洞口往外秘密地观察动物的一举一动。设置的观察点应与被观察的动物保持几米的距离，避免打扰动物的正常生活，如影响鸟妈妈给幼鸟喂食。这个秘密观察点要连续几天都放在同一个地方，好让动物适应它的存在。

现在，只要耐心等待就好。猎人就是这么做的：在夜幕降临前的一个小时就爬上了观鸟台，然后耐心地静静等候，直到猎物出现。

营地伪装

　　进行户外露营，应与大自然环境融为一体。正如小鸟在隐蔽的枝干深处安家，狐狸将窝的入口藏在隐蔽的地方一样，我们的露营地也应该巧妙地隐藏在大自然中。只有在紧急的情况下，才能暴露。

　　选择橄榄绿色的帐篷，不易被发现。如果帐篷是彩色的，则用橄榄绿的帆布或者迷彩网覆盖在上面。但帆布一定要拉紧或者用木桩固定，避免被风吹走。也可以用带叶子的树枝伪装帐篷表面。但是不要去折新鲜的树枝，而是拿那些掉落在地上的。另外，不要选择那些带刺的针叶树枝，因为它们会分泌树胶，这些树胶很难清洗。

我也住在树林里哦！

保持干净

保持野营场所干净

打扫卧室当然是自己分内的事（但也可能有父母帮忙打扫），我们可以根据自己的喜好布置卧室。但在大自然中，情况却有所不同：因为广阔的大自然不属于个人，任何人不得任意妄为。这里是公共场所，是大家共同享用的场所。在户外活动时，不得因个人行为损害其他生物（包括动植物及他人）。这就意味着，我们在野外露宿时，也要保持野营场所的干净，自觉保护环境。

在户外活动中，人们当然要遵循一些与在家里时不一样的规则。这其中也充满乐趣。比如：由于长途跋涉中背水很辛苦，人们要学会节约用水，尤其在盥洗方面。在这种情况下，身上的衣服——除了内衣裤——会连续穿好几天。这样做也有好处，因为衣服上沾上动物粪便和天然泥土，更能保护我们免受其他动物的侵扰。

垃圾的处理

出发前打包行李的时候就要注意：尽可能不要携带一些不必要或重复的物件，避免在探险途中产生垃圾。食物要用纸袋打包，因为它可以直接烧掉；或者使用罐装食物，因为这些瓶罐可以循环利用。而且记住：所有带出来的东西都可以再带回家去。

吃剩的食物不能随意丢弃，要么用垃圾袋装好带走（一定要密封好），要么把它们埋到地底下。

> **重要提示**
>
> 如果在途中看见其他人遗弃的垃圾，自觉把它捡起，进行回收！

洗碗

不能直接在河水中洗碗。先用桶打水，然后在离河流、湖泊或池塘至少60米处进行清洗。用最少量的环保洗洁剂（在绿色食品专卖店中可购得）去洗，洗完后把污水洒到地上。

如果碗筷并不是很脏，粗略洗一下就可以了；大块的污迹可以用沙子搓洗掉。

上厕所

在探险途中想上厕所，是比较好解决的：在路边或活动区的旁边找一处隐秘的地方，要远离他人休息处和存放食物及扎营的地方。先在地面挖一个小坑，把粪便排到坑中，然后用泥土和树叶掩盖它。事后别忘了洗手（用饮用水清洗或是用湿润的树叶擦洗）。

如果在户外待的时间比较长，而且一起活动的人数较多，就必须考虑建一个公用的厕所，避免活动区周边出现大小不一的粪坑，到处都是粪便。因此，先选出一处合适的地方，必须至少远离活动区60米（避免粪便招引来的蚊虫叮咬食物），并应远离水源（河流、湖泊、池塘）。在这个位置的地面上挖一个深50～60厘米的坑。挖出来的泥土直接堆放在坑旁，因为上完厕所后，要用少许的泥土掩埋一下粪便。当撤营时，再把剩下的泥土全部填回坑中，并把它压平。

尽可能不要使用餐巾纸和厕纸，因为这些纸张要花很长时间才能分解殆尽。可以用从无毒的植物上摘下来的叶子或是沿途收集的枯草叶来替代。款冬叶是最合适的户外厕纸，因为这种叶子柔软、叶面宽大，而且在路边就可以摘到。

刷牙

这是理所当然的。谁都想拥有一口好牙，即使变老了，牙齿仍"嚼劲十足"。在户外活动，少吃甜食，也有利于保护牙齿。这时，不需要牙刷，而是用果树的枝干来刷牙。用牙去嚼这些果树枝，直到树纤维被嚼散。

洗漱

洗澡和洗头的做法跟洗碗一样：远离水源，使用环保洗发水（沐浴液）或肥皂，并且只用最少的剂量。

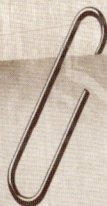

温馨小提示

衣服和睡袋的防霉措施

方法很简单：每天抖动一下，并把它们摊在太阳底下晒2～3小时。

大自然的工具

制造简单的工具

　　人类在几百年前就已经学会了用石头、树木、动物的骨头和角制造日常生活所需的工具了。直至约一万年前的石器时代结束的时期，人类又学会了用金属制造工具。这也并不是很久之前的事，不是吗？

石器

　　这次的户外探险，正是一个体验人类是如何在石器时代制造工具的好时机。其中，燧石（打火石）是再合适不过了。只要用它撞击硬物，就可以制成锋利的石片。单是这些石片就用途不小，可以切苹果或用来在面包上抹黄油。然后，再按照一定的需要把这些石片打磨成特质的刀刃或箭头。在打磨过程中，预留出一段供捆绑的部分。接着，把它套入刀柄或箭身的缝隙处，在周围缠绕上绳索、荨麻绳或弦。

　　很遗憾的是，如今，在大自然中并不容易找到燧石了。但你可以在出发前去商店买一块，并随身携带。

正确使用刀具

　　在户外探险中，一把锋利的刀具是非常重要的工具。但是，如果不正确使用，它就会成为伤人害己的武器。记住：它不是玩具！倘若受伤了，在户外是很难找到医生的。如果乱闯乱撞，只会迷路，甚至越走越远。现在还有一种刀具，它的刀尖处已被磨钝了，比较安全。

使用刀具时，应注意以下几点：

✗ 只有大人在场或得到了许可时才可以使用刀。

✗ 使用刀具时，务必小心翼翼！

✗ 与他人保持约一臂的距离，避免使用刀具时伤及其他人。

✗ 从身体向外用刀。刀的方向可朝上、向下或是向着某处硬物。

✗ 千万不要把东西放在大腿上用刀具去切。

✗ 不要带着刀具随处乱跑。

✗ 用完后，要马上把刀装入鞘中，并把它放好。不要拿着刀到处乱跑或刀尖朝上地去拿刀。

✗ 如果刀不能入鞘，走路时，务必让刀尖向下，并朝向自己，避免伤害到其他人。

✗ 递刀时，先合上刀鞘。否则，应把刀柄递给别人，而不是刀尖。

✗ 使用完，要把全部的刀具收回。只在有需要时才用刀，否则不要去碰它！

✗ 使用完后可进行清洗，但一定要小心。

温馨
小提示

好主意

设定专门存放刀具的地方。大家约好只在规定的时间内使用刀，并且让所有人都知道刀的使用情况。

重要提示

不要随意用刀去割树皮，这会让细菌侵入树木，导致树木死亡。

夜间保暖

户外取暖

在白天，寒冷就已经让人感到不适了；到晚上睡觉的时候，寒冷更加让人无法忍耐了。人们因此无法安稳入睡，甚至常常从睡梦中惊醒。寒意袭来时，人们会首先从手指、脚趾、耳朵和鼻子处开始感觉到冰冷。因为，当人们躺下时，这些常暴露在外的部分最容易供血不足。当人们感觉到寒冷的时候，其实是身体正在发出警告：你需要更多的温暖！

你在户外已经发现我了吗？

寒冷时应该：

✗ 多做运动：上下跳动或搓手，这能让你暖和起来

✗ 多穿衣服：一层紧接着一层地将多件衣服、裤子和长筒袜裹到身上（尽量裹得密实些）

✗ 戴上帽子（尽管人们的头部覆盖着头发，但身体中的热量大多还是从头部散发出去的）

✗ 戴上手套（可以戴两副手套），穿上雨鞋

✗ 当有风的时候，穿上防风的夹克衫和裤子（在寒风中是最容易感到寒冷的）

✗ 喝热茶（最好是加了姜的）

✗ 在裤子、袖子和套衫中塞满报纸、干草和其他类似的东西。先用报纸把脚包裹起来，再穿上长筒袜和大号的鞋（例如你父母的鞋子）

✗ 将衣袖口和裤脚处扎紧（避免冷空气涌入）

✗ 待在帆布篷或救生篷里

睡得温暖而舒适

想要拥有一个舒适的夜晚，首先得准备好暖和的睡袋和垫子。大多数情况下，人们感到寒冷并不是因为睡袋太薄，而是铺在底下的睡垫不够厚。雨衣、胶袋、保暖毯、枯叶、干苔藓等绝热材料都可以用来保暖。躺入睡袋前，先穿上打底裤和长袜、长袖衬衫或羊毛衫，这会更加温暖。睡觉时，将白天穿的衣物脱下来垫在脚底；必要时，甚至可以用它们将脚包裹起来——这样不仅不会在晚上感到寒冷，早上起床后衣物也不会冰凉潮湿，而是温暖干燥的。戴着帽子入睡，把帽檐拉低扣紧，再套上睡袋的帽子。如果还是感到寒冷，就再套上一件夹克衫。

注意：人在饥饿时，往往会更容易感到寒冷。因此，一定不能饿着入睡（但也不能吃得太饱）。

清晨御寒

在户外过夜时，应该在睡袋上盖上一层帆布，因为它可以挡住清晨的朝露，避免受寒。将鞋子（如果是干净且干燥的话）包裹在睡袋里脚底的位置或帆布背包里，防止被朝露弄湿。如果天气非常寒冷，还可以再套上一层睡袋（最好是人造纤维制成的）。

开心玩游戏

　　在户外探险中，游戏也是不可或缺的一部分，毕竟一路上都有朋友做伴，大伙儿一起玩游戏，乐趣无穷。大自然就是一个很好的玩游戏的场所，充分利用大自然的"馈赠"，就可以玩很多我们熟悉的游戏。比如，石子可以用来做棋子，松果可以用于硬地滚球，树上的果实则可用来投掷。

　　当然，讲笑话、讨论电影、情景猜谜更能够博人一笑，下面这几个游戏也可愉悦身心。

大冒险：纸屑追逐游戏

　　玩家分为两组。第一组扮演"猎物"的角色，第二组是"猎人"。第一组先于第二组15分钟开始出发，他们一边静悄悄地"逃走"，一边沿途撒"纸屑"留下痕迹。每隔约30米做一次标记（用草垫、树叶或枝杈做路标），也可以放一些"烟幕弹"误导对方，如故意在交叉路口的各个方向上都摆上路标，而其中只有一个才是正确的前进方向。追捕行动以回到原点结束，也可以安排林中某个显眼处作为碰头地点。在整个过程中，"猎人"根据这些"纸屑"标记对"猎物"进行追捕，直至两组成员成功会合。

　　也可以不做路标，而是设置一些暗语或竞答问题，接龙式地进行口头相传。为此，第一组肯定得花上好几小时去做准备。

瞬间转移：倒棍子游戏

　　大家围成一个大圈，其中一人站在圈中央。找来一根长50～80厘米的木棍，让站在圈中的人手握住木棍的顶端，把木棍竖立在地面上。游戏开始后，持棍者会随时松开手，让木棍倒下。在松手的同时，他会喊出圈中任意一人的名字，被喊者必须在木棍顶端落地前接住棍子。成功接住木棍的人即可转换为中央持棍者的角色，失败的则必须回到原位。

眼明手快：投掷游戏

如果向摆放在5～10米远的篮子里投掷橡子，谁会投进最多呢？事先在地面上画出一条起始线，所有人站在线外，依次向篮中投掷5～10个橡子（或栗子、石子等），投进篮中的橡子数最多的人赢得游戏。然后，把篮子挂在树上，再来比一比，看这次谁能投得最好呢？

如果没有篮子，则可以用手指在地上画或者用石子铺出一个圈。

身手敏捷：越野障碍赛

在户外，有着各种各样的障碍物，如树桩、倒地的树干或灌木，这就为越野障碍赛提供了得天独厚的运动器械。从中选取出合适的，用来进行攀爬、跳跃、奔跑、匍匐爬行或者过独木桥等运动。可以在比赛跑道上设置各种树墩和爬藤，也可以直接把沿溪的或多石的小道定为跑道。当克服了这段跑道上的所有障碍后，再设定下一处，继续进行比赛。也可以在同一条跑道上，比赛看谁跑得快。

夜间侦探：辨声竞猜游戏

在晚上，人们的听觉会变得尤其敏锐。根据听到的声音不同，你能猜出是由什么物体发出来的吗？在游戏中，由一个人发出声响，其他人必须对听到的声音进行竞猜。发声者可以通过开关拉链、用脚蹭地、用枝杈刮地或者挠头发出响声，当然也可以尽情发挥自己的想象，想出其他更多更妙的发声方式。猜对了的人就可以转换成发声者，然后继续进行游戏。

好心情很重要，玩得开心哦！

战胜危险

在广阔的大自然中没有跑得飞快的汽车、交错的电线和危险的滚梯，比我们居住的环境安全多了。但也要当心，野外环境中存在很多不易被发现的危险，这是人们必须注意的。只有及时意识到险境，并学会如何战胜这些危险，才能顺利完成每次的户外探险，安全返家。

勇敢面对危险时刻

遇到危险时，人们通常都会感到害怕。这也是一件好事，因为在险境中，这种感觉是最好的朋友，可以帮助我们战胜危险。它会告诉我们，危险无处不在。我们要做的是：保持头脑清醒，然后认真思考如何去应对。在危险面前，要相信自己足够强大定能战胜它。勇敢去面对，不要畏惧！

面对危险时，最重要的就是要保持冷静。为了保持头脑清晰，要集中注意力，只专注在生命攸关的事情上；调整呼吸，平稳地进行吸气—呼气—吸气—呼气……其他的事情不要去想。切勿慌张和忙乱，这不仅不能帮助你摆脱困境，反而会让处境变得更危险。

重要提示

遇到危险时，及时调整计划，适应新的实际情况，而不是继续一味地照原计划进行。

温馨小提示

发生危险发生时，该怎么办？

- ✘ 保持冷静。
- ✘ 有需要时寻求救援：拨打120或999急救电话。
- ✘ 不清楚发病原因、身体出现严重疼痛或是严重的伤口，要及时找医生就诊。

紧急情况：SOS和寻求帮助

　　即便准备很充分，在探险途中还是可能会遇到需要寻求帮助的情况：也许是遇上一场大雨把全身淋湿了，也许是受了伤或迷路了。在这些情况下，一定要记住：和朋友们待在一起！如果没有特殊状况，每个人都不要擅自离队！然后，大家一起行动，如向最近的居民求助，或是爬到高处发送求救信号。任何人都不可以单独行动，也不应该让队员单独留守营地，尤其不能单独留下伤者或需要照看的队员。当意识到你们不可能独自克服困难时，迅速去请求他人的救援。

　　如果是在居民区附近活动，手机通常在服务区内，是可以进行通话的。因此，遇到危险时，可以打电话给父母和亲朋好友。如果情况十分紧急，直接拨打急救电话120。在一些地区，手机没有信号，屏幕上只显示"只能紧急呼叫"。那么，只管去拨打，把它当紧急情况去处理。毕竟，在户外探险中，最重要的就是能安全回家。

> **重要提示**
>
> 　　遇到紧急情况，要尽快寻求帮助！

急救电话120

遇到紧急情况，只要拨打急救电话120，全天24小时都可得到援助。

电话拨通后，需要陈述清楚以下问题：

事故发生的地点？ 说清具体的位置，最好还能详细描述该地点的特征。

发生了什么事情？ 例如：摔伤后骨折、撞车后大出血等。

有多少人受伤了？ 包括伤者的人数及他们的年龄。

是谁报的警？ 报上你的名字和位置。

等待回复！ 不要自行挂电话，一定要等待急救中心有答复了，才可以结束通话！

> **温馨小提示**
>
> 　　尽量简短地陈述清楚事件相关要素，其中包括：何时、何地、多少人、什么人，然后耐心地等待救援的到来！

SOS

　　SOS是国际上最常用的紧急求救信号。早在一百多年前，它就已经在全球通用了，并且非常著名。发出的SOS信号必须让人清晰地看见或听见。可以通过吹哨子或呼喊发出声音，用手电筒照明、镜子反光或点火生烟的方法发出可视信号。

　　用声音表示SOS紧急求救信号是这样的：短一短一短一长一长一长一短一短一短。用三声短声表示S，三声长声表示O，在长短声之间不停顿。

　　SOS原是古人在航海时使用的，意指"拯救我们的轮船"。如果你是在登山时遇到险境，那么除了发出SOS信号外，还可以有其他急救的方法。

发出紧急求救信号

　　可以挥舞双手引起他人的注意，从而获救。具体做法：站在一片空地上，双臂向上打开，与身体形成一个Y字形。为了加强效果，重复上述动作——缓慢地举起双手，然后放下，再举起。

　　空中救援（即常见的直升机救援）所识别的紧急求救信号是一个用火点燃的等边三角形。在三角形的三个顶角处点火，每个着火点间隔约100步。如果场地不够宽或是燃料不足，只能点燃一簇火，那就在一块布上写上醒目的SOS字样，在着火点旁挥动它。把平时收集到的树叶和嫩草扔进火堆中，让它冒出浓烟，这样就能使别人注意到布上的SOS求救信号。

　　如果阳光明媚，可以用镜子或其他可反射（或折射）太阳光的物体（如巧克力包装锡纸、罐头盖）发出求救信号。最好出发前在自己的房间里演练一下，可以把光投射到墙上。注意：不要把光射向他人眼睛，这可能会引起失明。而且，不能因为好玩就随便发出求救信号！

重要提示

　　在山区或是偏远地带，手机是接收不到信号的，甚至无法发出紧急求救信号。这时，只能通过其他方式发送求救信号才能获得营救！

迷路了该怎么办？

迷路了

即使是成年人，在陌生的环境中也很容易迷路。遇到这种情况不能慌，要保持冷静。

先用指南针和地图找出自己所在的位置；也可以向亲朋好友打电话求助，确定当前位置后，再问清楚前进的方向。如果行不通，就得做出决定：是继续前进还是留在原地等待救援。

如果决定继续前进

只有在当前所处的位置存在危险、不适合停留的情况下，才能决定继续前进。否则，很容易越走越迷失，有可能会面临更大的危险。动身前，在出发点做记号，一来方便找到返程路线，二来好让其他人知道你们的行踪。可以用小木棍或小石子留下记号，也可以在灌木丛中悬挂一块废弃的布料。

缓步前进，不必奔跑，更不要追逐打闹，因为这不仅有可能会伤害到自己，而且还会消耗体力。长途跋涉中保持体力是很重要的！

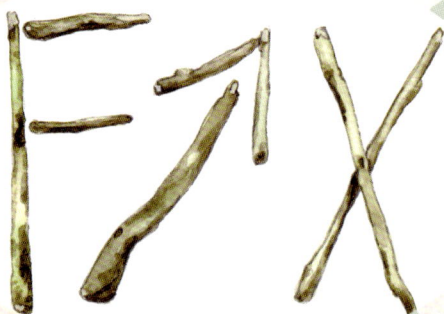

如果选择留在原地等待救援

大多数情况下，这是较好的选择。找一处安全的地方待着，然后请求救援（可以给父母打电话或是拨打急救电话120）。把衣服挂起来随风飘扬，或是生一堆篝火（注意防火），或者设置其他显眼的记号，让前来救援的人容易找到你。

如果感到酷热、口渴和饥饿该怎么办?

在炎热的天气中户外探险,必须多喝水,并适时地找阴凉的地方休息。为了消暑,可以把衣服弄湿,然后,站到阴凉处或者有风的地方,用扇子扇风也会很凉快!

在探险途中,一定要带上充足的饮用水。如果口渴,就说明身体缺水了,必须及时补充水分。翻一下地图,看看附近有没有居民住宅或干净的水源,如河流、泉水,不能喝不干净的水或者海水。

如果饮用水不充足,那么每次只喝一小口。设法减少身体水分的流失,如:在阴凉处静坐,尽量避免说话,用衣服或者毯子把整个身体包裹起来。用棉质毛巾轻轻捂住嘴呼吸。然后寻求帮助,联系父母或者拨打急救电话120!

成人的身体在缺水的情况下能支撑三天,不进食则可以维系三个星期。所以,当你感到饥饿却找不到食物时,不必太慌张!讲一下笑话或有趣的故事,转移注意力,暂时忘记饥饿感。寻找能吃的野果,但必须保证这些果实是确认可食用的!然后,尽快前往最近的居民区,去购买充饥的食物。可以在背包里事先准备一些燕麦棒,以备不时之需。

温馨小提示

如果已经长时间没有进食了,在恢复进食时,先吃少量食物,让胃慢慢去适应。

天气突变，该怎么办？

无法预料的恶劣天气

就算早上出发时天气非常好，也不代表一整天天气都会这么好。特别是在山区和沿海地带，天气总是变幻莫测，随时都会降雨、下雪、起雾和狂风大作，在夏季还可能电闪雷鸣，下起雷阵雨。因此，在长途旅行时应时刻做好天气变糟的准备。无论如何都要在行李里备有一件防雨风衣，既能遮雨，又能挡风。

下雨时，空气变得寒冷湿润，很快就会让人全身湿透。一旦着凉，就可能会感冒。所以雨势过大时，应找一个躲雨的地方，并待在那儿直到雨停。即便是在森林里，也能找到很好的避雨处。如果感到寒冷，就打开睡袋或薄太空毯，然后钻进去。

下暴雨时，狂风大作，会卷起较轻的物品或者屋顶的瓦片，刮断树枝，甚至吹倒大树。这时，最好的方法是杜绝外出。另外，寒风会让人着凉，因此应当找一个可保暖的地方待着，如小木屋。

嘿嘿，很潮湿呀！

雷雨来袭

雷雨是人们熟知的地球上"强烈"的天气现象之一。闪电可能致命，冰雹、强降雨和暴风也十分危险。因此，当雷雨来袭时，不能掉以轻心，要及时前往安全的地方避雨。

温馨小提示：

✗ 在水中或水边：十分危险，应尽快远离水域，并寻找躲避的地方。

✗ 在森林中：比较安全，找个安全的地方躲起来。

✗ 在空旷地区：危险，应躲到地槽或者合适的深沟里。千万不要平躺在地上，也不要躲在单独耸立的树底下（容易导电，招致雷击）。如果找不到躲避的地方，那么保持以下动作：双腿弯曲蹲下，头靠在膝盖上，双臂紧抱膝盖，并尽量蜷缩身体。双手不要碰触地面。保持这个姿势直到雷雨停止。通常情况下，雷雨不会持续很长时间。

✗ 在山上：危险，应朝山下走，并寻找躲避的地方。

雷雨在多远处？

我们能够听到距离18千米远的雷鸣。当看到闪电时，马上开始计时，直到听到雷鸣声。慢慢地数山每一秒"1、2、3、4……"，或者盯着手表上的秒针默念，尽可能数出最精准的秒数。然后，用得到的秒数除以3（因为声音传播1千米大约需要3秒），就能算出雷雨的距离。例如，如果从看到闪电到听到雷鸣声间持续了15秒，那么，雷雨在5千米远处。如果从看到闪电到听到雷鸣声间隔短于10秒，就意味着雷雨非常接近了，有可能遭遇危险。

当遇到大雾或夜幕即将降临时，很可能会迷路，这是十分危险的。这时，要特别小心，并注意选取正确的道路。如果不确定，务必请求他人帮助。也可以做好可能得在户外过夜的准备：寻找一个适合的地点，并搭建可供过夜的帐篷。为了保暖，请使用太空毯！

应对登山时遇到的危险

登山远足的魅力就在于沿途的陡峭地形。登山时，人们可以眺望山峰，体验冰凉的山溪以及欣赏极美的自然风光。然而，在这其中也潜伏着危险——有可能会坠崖。因此，在登山途中，要穿着鞋底有凹槽的结实的登山鞋，并且始终走在道路靠山的一面，尽量避开深渊。

同样的，在多岩的地带，必须随时提防岩石塌方。在自然（霜或者冰）的作用下，由于徒步登山者的过度踩踏，或者野生动物的四处游荡，都会导致山上的小石头或岩石块脱落，并轰鸣着坠入山谷，引发塌方。通常，人们都会被这突如其来的岩石倒塌吓到。为了避免遭遇塌方，应该避开陡峭突出的悬崖峭壁和狭窄的幽谷沟壑。如果非得走这种险峻的山路，必须随时留心可能会落下的碎石。另外，如果上方的山路有人在奔跑，千万不要直接走在他的下方。

天气骤变

在山上，天气可能会说变就变：在短短的几小时之内，天气可以从阳光普照的温暖变得冰天雪地的寒冷。所以，在山上徒步旅行的时候，必须时刻关注天气的变化。随着海拔的递增，天气变化就越明显。在山谷下阳光明媚，但多岩的山峰地带可能会浮云蔽日——在那里，即使是在仲夏时期，也甚至会下起雪来！

> **重要提示**
>
> 在启程去户外探险前，一定要收听天气预报，获悉未来几天的天气情况。如果天气预报说将有暴风雨或天气欠佳，就应当改期再探险。因为山中的天气情况更复杂和多变，可能引发生命攸关的大灾难。
>
> 如果遭遇突如其来的暴风雨天气，参照本书介绍的方法寻求帮助。

当暴风雨降临

遇到雷雨天气也是非常危险的，因为在山上供避雨的场所很少。此外，相对于地势较为平坦的地区来说，山上的暴风雨并没有那么容易停止，并且雨势凶猛。如果察觉一场暴风雨即将来临，就不要再继续向上攀了，必须中断旅程并且尽可能快地往回走。与此同时，要时刻留意沿途的避雨处，比如一个洞穴。不能躲在树下，这很危险。

登山求助信号

如果在登山过程中遇到险境，可以通过发求助信号寻求帮助。

每隔10秒发出一次求救信号（视觉或听觉），连续发6次，然后停顿一分钟。再重复上述做法。

因此，需要准备一块手表。如果没有手表，那就在心里默念1至60，约间隔一分钟就发出一次求救信号（每分钟有60秒）。

可以吹哨子或是用手电筒照明，也可以大声地喊叫、频繁挥舞红布、点火生烟等，去发出求助信号。如果人数多，那么约定大家同时发出信号。总而言之，就是要让救援人员发现。

如果发出去的求救信号得到回应了，一定要做出回应：每隔20秒发出一次求救信号，一分钟内发出3次。

雪 崩

在冬天，最危险的自然灾害就是雪崩了。积雪在山顶聚集到一定厚度，受重力作用轰隆隆地滚下来，吸附沿途的雪块，变得越来越大。如果遭遇雪崩，被沉重的积雪压在底下，生还的机会是很小的。雪崩最常发生在悬崖处，因此，冬天最好不要到积雪很厚的山中徒步旅行，只在安全的冬季运动场所活动，因为那里会有工作人员做好防范工作。

应对海边遇到的危险

在海岸边，每天都会潮起潮落，这是正常的潮汐现象。退潮时，海滩上很多地方随着海水的退去显露出来，人们可以在这里嬉戏玩耍。涨潮时，海水迅猛上涨，拍打着海岸，重新淹没海滩。每次的退潮过程和涨潮过程各持续约六个小时。因此，在海边探险时，必须掌握潮汐规律，熟悉海滩各种多变的情况。注意因这个自然周期而不断变化的海滩。特别要注意的是：只有在退潮的时候，才可以在浅滩上散步！否则，由于海水的淹盖，人们很容易忽略浅滩上深达几米的水沟，从而跌倒受伤，甚至造成死亡。请务必事先了解当地涨潮及退潮的时间——每天的潮汐时间都是不一样。

保护自己远离晒伤及其他创伤

在海边，一直有海风吹拂，往往会让人忽略了强烈的阳光照射，从而晒伤自己。因此，去海边时，必须涂抹防晒霜，穿T恤衫和戴太阳帽。即便是潜水，也应该穿着T恤衫，免受紫外线的伤害。

不应该赤着脚在碎石较多的海岸上行走，否则，很有可能会被岩石的棱角弄伤或是被海胆尖尖的硬刺戳伤。因此，要穿结实的鞋子。潜水的时候也要始终穿着鞋具，例如：潜水脚蹼、潜水靴或套脚式橡胶潜水蹼。浮子、脚蹼或者橡胶鞋都是合适的。

当不小心踩到海胆时，先不要急着把刺拔出来，暂时保留刺入脚掌的长刺。因为这些刺很脆，徒手去拔的话很容易折断，导致越刺越深。它一旦刺进皮肤，毒汁就会注入人体，细刺也就断在皮肉中，使皮肤局部红肿疼痛，甚至出现心跳加快、全身痉挛等中毒症状。为了避免这些情况发生，需要用镊子把刺从脚掌中拔出来，然后对伤口进行消毒。不过，如果你事先穿好鞋，并小心留意，就可以避免被海胆扎伤了！

水 母

海洋中生活着各种各样随波逐流的水母。它们有着透明的身体和长长的触手。触手上长着有毒的刺胞。当水母受到轻微的触动时，触手上的刺胞就会弹出，射出像"渔叉"一样的管线（刺胞针），用来麻痹被刺的动物。水母就是通过这种特殊的触手捕食小虾蟹及小鱼的。当人们触碰到水母时，刺胞同样会刺伤皮肤，感觉像是被太阳晒伤了。

海月水母

咖啡金黄水母（又称啡海刺水母、丝带水母）

由于海浪过猛，水母的触手可能会被扯断。但这些断了的触手，照样可以在水中漂浮。此外，一些死了的水母会被冲上海岸，但体内的刺胞可能还活着。因此，不要去触碰这些水母——即使是在知道这种水母是无毒的情况下。

根口水母

如果不小心被水母刺伤，切忌用手触碰伤口，应该用海水或者醋把残留在伤口上的触手冲洗掉。注意：不要用酒精饮料、淡水或饮用水冲洗伤口。然后，马上铺一张纸巾在被刺伤的部位，这样做可以吸出水母毒液。当然，之后还应马上到医院接受治疗。被水母刺伤必须引起重视，完全痊愈通常需要数周时间。

当心海鸥的攻击！

在一些海岸，银鸥会攻击人。它们不怎么怕生，反倒会从人的手中抢食。所以，尽管这些银鸥在空中抢食的场景很有趣，也不要去喂食它们，以免受到伤害。在这些地区可能竖有警示牌，应当严格按照上面的指示行事。

我小时候也生活在水中哦！

森林火灾

夏季如果长时间不下雨的话，草木就会变得干燥，一点火星就足以引发一场大火，导火索可能是因为随手丢弃的烟蒂或者是玻璃碎片，还有可能是玻璃杯。玻璃制品像凸透镜一样，可以汇聚太阳光。但是，大多数的森林火灾是由未熄灭的营火引起的。如何安全地在森林中生篝火，请参阅本书中的介绍。

当零星的火花燃烧起来，在茂盛的干草丛中迅速蔓延开时，火势就会变得一发不可收拾。凶猛的大火会从一棵树蹿到另一棵树，以每小时20千米的速度吞噬整个森林。速度之快让人难以想象！因此，森林火灾是非常危险的！

小心篝火

有时候，小小的篝火也能燃烧成大火。所以在生篝火时，要用小石子围住火堆，确保不会引发山火。这才是安全的。

> **重要提示**
>
> **避免山火的最好方法：**
> 在户外不要随意生火！

你知道吗？

大自然中有一种甲虫能察觉80千米以外的大火，这就是吉丁虫。吉丁虫的感觉器官极为灵敏，如果感觉到空气中的热辐射，它们就会径直飞向火源，将卵产在刚烧过的树上。仿生学家借此研发出火灾警报器。

吉丁虫

如果引发山火，该怎么办？

一旦察觉到浓烟、闻到烧焦的味道或是发现动物的行为反常，就必须采取行动了。不要拖拖拉拉，而是迅速带上最重要的物品（钱包和手机）逃离现场。如果已经能听见火燃烧时发出的声响，说明火势已经蔓延到跟前了，此时的处境非常危险。

逃生前先确定风向。可以通过浓烟飘过来的方向判断，也可以高举一根湿润的手指，感觉手指哪一面干得较快，就知道风是从哪个方向吹来的。

一般而言，火势会伴着风越来越凶猛，这也是人们常说的"风势能助长火焰"。为了安全且快速地逃离火势蔓延的区域，要向着与风向垂直的方向跑，这样才能逐渐远离火源。

当跑到高处回望时，感觉离火源已经很远了，这才安全了。

重要提示

拨打火警电话119

必须向消防员报告清楚时间、地点、人数、什么人。

昆虫及其他小爬虫

危险的动物

有些地方气候适宜，寒冬持续时间长，可以幸运地避开被蝎子、箭毒蛙以及致命的毒蜘蛛和毒蛇困扰。尽管如此，你还是应该了解一下当地会咬人、蜇人或者能传播可怕疾病的动物。

小小吸血鬼

当感到受威胁或者需要捍卫蜂巢时，黄蜂、蜜蜂、熊蜂和胡蜂都会蜇人。黄蜂喜欢在茂密的灌木丛中或废弃的鼠洞里建造纸巢。被黄蜂蜇到口鼻部位是非常危险的，因为这可能导致窒息。为此，在每咬下一口食物和吞咽前，都要仔细看看上面有没有黄蜂！一旦被蜇，要拔掉螯针，将长叶车前草的叶片压榨成浆液状，涂抹于蜇伤处，或者用水冲洗伤口。必要时到医院就诊。

如果晚上在岸边露宿，可能会被蚊子搅得彻夜无眠，因为它们会叮咬你的皮肤、吸食血液，然后留下痒痒的肿包。这些肿包甚至会导致发炎。因此，如果听见它们在盘旋时发出尖锐刺耳、高音调的"嗡嗡"声时，就用衣物尽可能地覆盖全身，未能遮盖的部位涂抹驱蚊药水。

温馨小提示！

如果被蚊子叮咬了，可以在肿包上涂抹唾液。

黄蜂

蜜蜂

蚊子

蜱虫会传播感染病，对人类危害非常大。一般在早春至初冬期间，蜱虫潜伏在矮灌木丛和草地深处，吸取动物温热的血液为食。当人或其他动物走过树林或草地时，它们就会落在身上，然后寻找一个柔软之处，开始吸血。

如果发现了蜱虫，要巧妙地避开，并尽可能保护好自己的皮肤，防止被它叮咬。最好随身携带蜱虫分辨图，较容易分辨这些蜱虫。捉住蜱虫后一定要杀死：用手指甲相互挤压它——这很重要，因为蜱虫的身体很硬，一定要用指甲才能碾碎。

跳蚤也会吸血，并能传播感染病。它们一般栖息在野狗、野猫、刺猬及其他哺乳类动物身上，所以在户外活动时，遇到这些动物时千万不要去抚摸——即便它们看起来很可爱。

即使是已经被驯服了的野生动物也会存在危险，因为它们有可能患有狂犬病。人类感染上这种疾病，会导致死亡！

在一些橡树林中栖息着一种栎列队蛾。这种蛾类的幼虫全身长满毛，成群生活在圆形的茧中，密密麻麻地分布在橡树上。一定要远离这些幼虫，甚至不要靠近这些树木。这种幼虫如果爬到人的身上，会引发皮肤和呼吸道感染。

重要提示

留心观察被蜱虫叮咬过的伤口，如果伤口发红，且感觉身体不适，应马上就诊。

当心！我会蜇人！

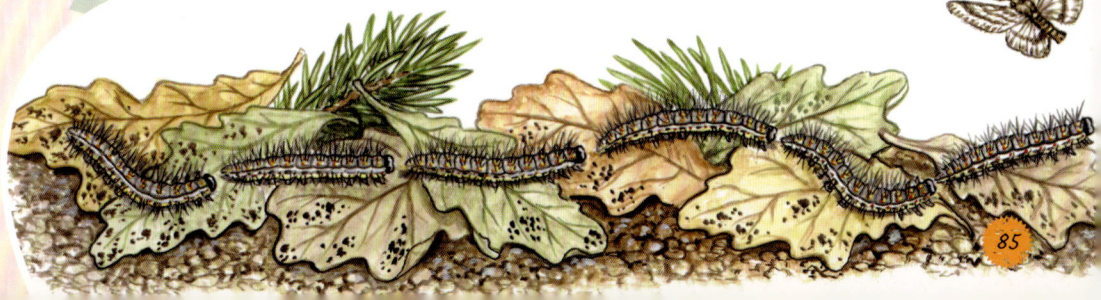

蛇及其他两栖动物

毒蛇

世界上大约有3000种不同种类的蛇，其中仅约600种是有毒的。它们大多都生活在气候温暖、冬季短暂的地带。在德国境内只栖息有6种蛇，其中2种是带毒的：那就是极北蝰和欧洲蝮蛇。这两种蛇的背上都有深色的锯齿状花纹，非常显眼。极北蝰多生活在潮湿地区，如沼泽地或湿热的丛林中；而欧洲蝮蛇只分布在黑森林南部的小部分地区。

尽管如此，如果遇上这两种毒蛇，也用不着过分担心。如同所有的蛇类，它们的听觉很敏锐，能察觉地面上极轻微的震动。当它们察觉到人的脚步声时，会立刻躲避起来。如果不小心惊动了一条毒蛇，那么一定要镇定，然后慢慢倒退着离开。

被蛇咬伤后

被蛇咬伤后，一定要保持冷静。最好找一个荫蔽处躺下，尽量少动。也不要到处乱跑和用力，尽可能地减缓毒素扩散到全身。

然后，平放被咬伤的部位，用木棒将其固定，并用弹性绷带在伤口靠近心脏处的上方勒紧，阻止血液继续流淌。

打电话给医生，让他们过来将你抬走。

> **重要提示**
>
> 如果是被以上两种本土毒蛇咬伤，虽然会很痛，但并没有生命危险。

我们还要了解一种最可能在户外遇到的无脚蜥蜴。这种无脚蜥蜴和沙蜥是同类，既不会咬人也没有危险。如果发现了这种蜥蜴，可以静静地观察它闪着银光的躯体，切勿惊扰它。它常常停留在比较危险的地方（比如路中央）或者"悠闲"地蹲在路旁。

在户外，还有一种脖子上带有黄色半月形斑点的草蛇，它也是无毒无害的。草蛇生活在岸边，谙熟水性。因此，如果在河里洗澡时看到它，不用害怕：因为它有可能更怕人！毕竟，人类看上去比它大多了。

蟾蜍和真螈的皮肤上都带毒，所以它们都是不能吃的。因为当它们的毒素沾到我们裸露的皮肤、嘴巴和眼睛的时候会引起灼痛感，所以最好也不要用手去触摸这些动物。如果碰到了，记住不可以用手去揉眼睛，并应立即洗手。

当心陌生的狗和脱缰的马

野 狗

事实上，在我们的生活中，野狗确实是危险的动物之一。狗是群居动物，需要头领的带领。在家庭中，狗一般听从一家之主（成人）的命令，而不会把年幼的小孩看成自己的主人。所以，孩子们必须学会在与狗和睦相处的同时，也要让狗尊重他们并听他们的话。当没有大人在场时，狗有时会趁机攻击小孩，这就是为什么不管是家养狗还是野狗，通常都喜欢咬伤小孩多于大人。

如果遇到野狗：

✗ 保持距离，不要害怕！像大人一样，笔直站立，两脚分开，坚定地告诉它你是主人，让它察觉到你的霸气，也可以严厉地命令它"走开"。

✗ 千万不要去抚摸野狗。

✗ 切忌慌张地逃走，要保持镇定，笔直地站立着。

重要提示

你一定要知道狗是从狼演化来的，身上具有狼的特性。

受惊的马

马天性敏感，容易受惊。突然一个声响或身边有其他马迅速经过，甚至连人们冷不丁出现在身后，都会让马受惊。马在受惊吓后的第一反应是以最快的速度跑开。即使没有跑掉，受惊了的马也喜欢用马蹄向后踢或者咬伤人。所以，始终从马的斜前方靠近它，并让它看见你。然后，小声地跟它说话，并用手抚摸马背，安抚它的情绪。在抚摸前，先让马嗅一下你的手的味道。

重要提示

受惊而脱缰了的马是很危险的，它会把背上所有东西甩下地，其中包括骑马人。而且，人们摔到地上后，还有可能被马蹄践踏，那是非常痛的。

我也喜欢马！

野生动物

危险的母兽

雌性野生动物有了幼崽后会变得格外警惕。它们时刻警惕地提防着，防止有人靠近和伤害自己的宝宝。这一点你必须知道。

好斗的鸟类

乌鸦和老鹰等掠食鸟类的孵化期从春天持续到夏天，在这期间它们都会千方百计地保护自己的鸟巢，守卫在巢区附近。如果贸然把手伸进鸟巢，可能会遭遇到守巢的成鸟。这些掠食鸟类翼展间的距离常常可以超过一米，有着锋利的爪子，容易抓伤人，这是非常危险的。这时，应当用胳膊或者夹克护好头和脸，快速离开鸟巢区和孵化区。

当处于孵化期的天鹅感觉受到威胁时，就会张开翅膀直接冲人飞扑过来。这时，如果躲避不及时，你就会尝到被咬伤的痛苦——它们还很喜欢攻击人脸。

乌鸦

普通鵟

带着猪崽的野猪

更加危险的动物还包括身边带着可爱幼崽的野猪。母猪要去远处觅食前，常常会选出较为年轻的母猪留下来照看全部的猪崽。如果这时候，人们不小心闯进带着猪崽的猪群中，就有可能遭到母猪的猛烈进攻。所以，遇到这种情况首先要迅速躲到树后或树上，并大声呼喊。或者抓住一根大树枝举到头顶上，让自己在野猪眼里看起来要比实际大得多，接着再大声喊叫。幸运的话，也许可以赶走野猪。

交配期的野猪也非常具有攻击性，所以，应时刻远离它们。

熊和狼

在欧洲，人们不会害怕熊和狼这两种动物，而且它们很害羞，在人们靠近之前，它们就已经察觉到了，并迅速地跑开。在有熊出没的地区，可以在夹克衫的口袋中放一个小闹钟，让这些动物从很远处就能知道有人来了。

只有当感觉受到了威胁或攻击时，它们才会因为自卫而伤人——这是可以理解的。如果看见攻击者的个头比自己的小，其力量显然也比自己的弱得多，我们也一定会选择为保卫而战。棕熊和狼就是这么想的。

重要提示

如果看见一头熊高举前掌，整个身子竖立起来，不要惊慌。这并不是攻击姿势，熊只是想"站得高看得远"罢了。

危险的植物

应当知道，即便是树木、灌木丛和花，也会对人造成危害，因为这其中包括有毒的植物和菌类。很多野果有毒，不能食用或者只能被不受该毒素影响的特定动物群食用。因此，知更鸟就能吃对人类有剧毒的桃叶卫矛的橘红色果实。很多菌类也有剧毒，甚至能致命，如伞形毒菌。很多毒菌与可食用的蘑菇看起来极其相似，应仔细分辨。

重要提示

很多野果丛的枝干上长有刺，极易伤人，尤其要注意保护敏感的眼睛，避免被其戳伤。在穿过茂密的灌木丛时，一定要小心谨慎。

如果吃了毒菌或有毒的野果，我们就会中毒。所以要学会保护自己，只吃那些自己非常熟悉的野果。否则，就只吃自带的食物，把这些野果留给适合的动物。也不要徒手去采摘植物。

有些植物的毒素也可以通过触摸渗入人体的皮肤，例如紫杉果和乌头花。因此，千万不要用手触摸这些有毒植物。毒素可能会在触摸后存留在手上，所以每次吃东西前一定要洗手！

乌头花

紫杉果

在路边，经常能看到这种株高可达3米的大爵床。如果想从它身上采摘硕大的叶子和花苞，千万不要徒手去摘：因为整棵植物都有毒，只要触碰到甚至只是路过时摩擦到，都会引起皮肤过敏。在阳光的照耀下，这些过敏处会变得炽热难忍，非常痛苦。大多数有着伞形花序的植物也都含有少量的这种毒素。

如果因这种毒素引起了皮肤过敏，应当马上用T恤衫或夹克衣盖住伤口，避免见光。

大爵床

荨麻

想必你一定已经熟知触碰荨麻的痛苦：因为它的全身布满螫毛。只要轻微一碰触，这些螫毛就会被折断，然后像毛毛虫的螫毛一样扎进人的皮肤内。螫毛上所带的毒素也会进入人体，从而引起丘疹，又红又痛。可以在伤口处用凉水冲洗或是涂抹唾沫，以减轻疼痛和红肿。

你知道吗？

提防冰雪崩塌

在冬天，到处都是厚厚的积雪，如果又刚好遇上暴风雨天气，那么，一定要当心挂满积雪的树枝。因为它们随时会被风刮断或被沉重的积雪压断，掉下来砸伤人。所以，如果在树下进餐或是休息时，一定要事先检查一下树冠的情况。

野外急救护理

受伤了该怎么办?

首先要保持冷静,平稳呼吸,这是最重要的。然后,吃一颗巴赫急救花精糖*,它能镇定情绪、消除紧张。让伤者也服用,因为它还有缓解疼痛的作用。接下来,根据伤者的情况进行判断,看看自己能不能处理,否则根据需要请求救援。

※编者注:这是德国生产的一种保健品。

> **重要提示**
>
> 遇到紧急情况时,迅速拨打急救电话120,请求救援!

当伤者情绪激动时,握住他的手,并跟他说话,这是很有帮助的。如果他不愿回答,就告诉他已经拨打了急救电话,医生正在赶来的路上,一切都会好起来的。这样可以使伤者镇静下来,并激发他求生的意念。千万不要把伤者单独扔在一边!

野外药房

在草地上和路边生长着若干种药用植物。它们新鲜的叶子具有药效,可以快速治愈一些小伤口。直接摘取干净的叶片,用手指碾碎,直到植物汁液流出,然后涂抹在伤口处。

宽叶车前草和长叶车前草、雏菊和薄荷的叶子可以有效治疗疼痛、瘙痒或炎症,比如可以在触碰了荨麻后使用。酸模和野玫瑰的叶子具有清凉散热的功效,款冬的叶子也有助于烧伤处的康复。

在长途跋涉的探险途中,如果走累了,找来一片宽叶车前草的叶子,把它光滑的叶面贴在脚部疲劳的地方,再套上袜子,穿上鞋子,继续赶路。这种叶子可以舒缓双脚的发烫感,并能防止脚上起水泡。

长叶车前草

宽叶车前草

急救护理

如果在野外受伤，往往在附近是找不到医生的。因此，你应当知道接下来该做什么。

✗ 如果是烫伤，那么用干净的冰水冷敷伤口至少3分钟，如果烫伤程度严重，则要冷敷15～20分钟。然后，用消过毒的绷带包扎烫伤处，并寻求医生医治。

✗ 如果是割伤或其他皮外伤，可先让伤口稍稍流血，流出的血液会清洗掉伤口处的细菌；之后立刻用杀菌药水对伤口处进行消毒处理，以防止伤口发炎、化脓。在保持伤口干净的情况下缠上绷带，就可以止血了。

✗ 如果大量出血，应该将受伤部位抬高至超过心脏的高度——这样可以迅速止血。

✗ 如果有尖锐的碎片刺入了皮肤，细心地用镊子把它取出。再往伤口上喷洒些许消毒药水，缠上绷带——这就完成了。

探险小帖士

急救包

每次郊游，你都应该带上这些东西：不同大小的石膏绷带、外伤用的消毒药水、消毒过的绷带、弹性绷带、安全别针或石膏卷带、绷带剪刀、镊子、风油精、三角手巾、救生毯、医用缝合线和止痛药。将急救套件简单打包后随身携带，确保急用时就在手边。

天然防晒霜

无论是轻微的还是严重的晒伤都会让你感到剧烈的疼痛。因此，必须保护皮肤免受阳光的伤害。可以穿长袖衣服遮挡阳光。如果觉得太热，可以在皮肤上涂抹防晒霜，并戴上太阳帽或便帽。如果没有随身携带防晒霜，可以在皮肤上涂上一层薄薄的泥浆。这样，阳光就不会直接晒到皮肤了。如果还是不幸被晒伤了，可以采取处理烫伤伤口的方法来治疗。

图书在版编目(CIP)数据

户外探险指南 ／（德）欧特林著 ；（德）科尔布,（德）尼古拉绘 ；
郑高凤译. —北京：科学普及出版社，2015
（体验大自然）
ISBN 978-7-110-09119-7

Ⅰ.①户… Ⅱ.①欧… ②科… ③尼… ④郑… Ⅲ.①探险－青少年读物
②野外－生存－青少年读物 Ⅳ.①N8-49②G895-49

中国版本图书馆CIP数据核字（2015）第116412号

策划编辑　肖　叶
责任编辑　邓　文
封面设计　阳　光
责任校对　林　华
责任印制　马宇晨
法律顾问　宋润君

科学普及出版社出版
北京市海淀区中关村南大街16号　邮政编码：100081
电话：010-62103130　传真：010-62179148
http://www.cspbooks.com.cn
科学普及出版社发行部发行
鸿博昊天科技有限公司印刷
＊
开本：680毫米×870毫米 1/16 印张：6 字数：130千字
2015年5月第1版　2015年5月第1次印刷
ISBN 978-7-110-09119-7/G·3838
印数：1-5000册　定价：29.80元

（凡购买本社的图书，如有缺页、倒页、
脱页者，本社发行部负责调换）